RAPPORT

FAIT

A MM. LES PRÉSIDENT ET CONSEILLERS DE LA COUR ROYALE
SÉANTE A PARIS,

PAR M. DE PRONY,

CHEVALIER DE L'ORDRE DU ROI, OFFICIER DE LA LÉGION-D'HONNEUR,
INSPECTEUR GÉNÉRAL DU CORPS ROYAL DES PONTS ET CHAUSSÉES,
MEMBRE DE L'ACADÉMIE ROYALE DES SCIENCES,
DE LA SOCIÉTÉ ROYALE DE LONDRES, ETC.,

SUR

LA NOUVELLE ET L'ANCIENNE

MACHINES A VAPEUR,

ÉTABLIES A PARIS, AU GROS-CAILLOU,

A l'occasion du Procès pendant au Tribunal de ladite Cour royale,

ENTRE

M. EDWARDS, Vendeur,
Et M. LECOUR, Acquéreur de la nouvelle Machine;

AVEC DEUX NOTES AJOUTÉES PAR L'AUTEUR,

L'une, sur *la Théorie du Parallélogramme du Balancier de la Machine à vapeur;* l'autre, sur *un moyen de mesurer l'effet dynamique des Machines de rotation.*

'PARIS,

IMPRIMERIE DE Mme. HUZARD (NÉE VALLAT LA CHAPELLE),
Rue de l'Éperon Saint-André-des-Arts, n°. 7.

1826.

Extrait des *Annales des Mines*, t. 12, année 1826.

RAPPORT

Fait à MM. les Président et Conseillers de la Cour royale séante à Paris , sur la nouvelle et l'ancienne machine à vapeur établies , à Paris , au Gros-Caillou, à l'occasion du procès pendant au tribunal de la Cour royale de Paris, entre M. Edwards, vendeur, et M. Lecour, acquéreur de la nouvelle machine ;

Par M. de PRONY,

Inspecteur général des Ponts et Chaussées, membre de l'Académie royale des Sciences , etc.

---

§ 1. *Faits antérieurs aux opérations officielles de l'expertise.*

N. B. Les articles 1 à 10 , qui composent ce chapitre , ne contenant que des détails relatifs aux formalités judiciaires , nous avons cru pouvoir les supprimer sans nuire à l'intérêt des chapitres suivans , que nous nous sommes fait un devoir de publier sans aucun retranchement.

(*Note des Rédacteurs.*)

§ 2. *Observations générales sur les expressions numériques de la puissance d'une machine à vapeur, et sur le mode d'évaluation de cette puissance.*

(11). Le principal objet de l'examen dont j'ai été chargé est la détermination de la *puissance* de la nouvelle machine à feu du Gros-Caillou, ou de l'effet mécanique dont elle est capable. Une pareille détermination se réduit en général à assigner un poids, qui, élevé à une certaine hauteur, dans un certain temps, fournit, par cette combinaison de phénomènes, l'équivalent de l'effet cherché. Or, de ces trois choses, le poids, la hauteur d'élévation et le temps, on est toujours libre de s'en donner arbitrairement deux *à priori*, qui peuvent être conservées les mêmes dans toutes les expressions des effets mécaniques, en déterminant convenablement la troisième ; il est d'usage de fixer ainsi d'avance la hauteur et le temps, le poids étant la variable qui prend diverses valeurs, suivant les différentes grandeurs des quantités à mesurer. Ainsi le mètre et la seconde de temps étant pris pour les deux élémens fixes, on cherche, dans chaque cas, le nombre de kilogrammes, qui, élevés à un mètre de hauteur dans une seconde de temps, fournit un effet mécanique équivalent à celui de la machine.

Quand ce nombre de kilogrammes est trouvé, l'effet de la machine est complétement défini ; mais on peut, au lieu de compter par kilogrammes, compter par groupes de kilogrammes, chaque groupe ayant une valeur déterminée, et composant avec les deux élémens fixes, un *terme de comparaison* des forces des machines en mouvement, qu'on peut appeler *unité dynamique*. Ainsi, par exemple, si on composait ce groupe de 100 kilogrammes, au lieu de dire que l'effet d'une machine équivaut à l'élévation d'un poids de 850 kilogrammes à un mètre de hauteur pendant une seconde de temps, on dirait d'une manière plus simple et plus commode que cet effet est de $8\frac{1}{2}$ *unités dynamiques*, et il serait tout aussi complétement défini par cette dernière énonciation abrégée, que par la précédente.

(12). La valeur absolue de l'*unité dynamique* est, comme celle des unités d'espèces quelconques, de pure convention; mais ces dernières sont, en général, assujetties à des types bien déterminés dans un même pays, et leur système établi sur des bases fixées par la législation, au lieu qu'il n'y a encore, sur l'*unité dynamique*, ni fixation légale, ni même convention générale, et je la vois, dans les pièces même du procès particulier qui a donné lieu à mon expertise, définie tantôt d'une manière et tantôt d'une autre. Je crois qu'il est utile et même nécessaire, eu égard à ces causes d'incertitude sur des questions auxquelles le sort et la fortune des fabricateurs et des acheteurs se trouvent liés, de faire précéder par quelques explications de détails la discussion du fond de l'affaire que j'ai à traiter.

Avant l'invention des machines à vapeur, les travaux auxquels on les applique maintenant s'exécutaient, sinon en totalité, du moins en très-grande partie, avec des chevaux : il était donc bien naturel, quand on a voulu soumettre au calcul les effets de ces machines, et établir entre elles des comparaisons, de rapporter leur puissance mécanique à celle des chevaux. L'assimilation ne pouvait pas être exacte à tous égards; car, dans le rapprochement de ces deux sources de puissance, il a fallu faire abstraction d'un des élémens principaux de l'évaluation de la *quantité d'action* totale qu'on peut obtenir d'un cheval, et en général d'un moteur animé et qui tient à la nécessité de fixer la durée du travail pendant un jour, de manière à ne pas épuiser les forces de l'animal. Ainsi, pour définir exactement la puissance mécanique d'un cheval, on dit qu'il est capable d'un certain effort en parcourant un certain espace dans un temps donné, et en exerçant cet effort avec cette vitesse pendant un certain nombre d'heures sur vingt-quatre, nombre qui n'excède guère huit; mais s'il s'agit d'une machine à vapeur, il suffit de dire que l'effet mécanique dont elle est capable équivaut à l'élévation d'un certain poids à une certaine hauteur pendant un cerain temps, la durée effective de l'action restant tout-à-fait indéterminée, et la *quantité d'action* totale obtenue étant proportionnelle à cette durée.

(13). L'*unité dynamique*, déduite de la force du cheval et applicable aux moteurs inanimés, se réduit donc ultérieurement au produit d'un certain effort, par un espace parcouru et par le temps employé à parcourir cet espace, ou, en d'autres termes, au produit d'un poids par une hauteur à laquelle ce poids est élevé et par la durée de l'ascension. Ce produit étant censé connu pour un cheval, et conclu du travail *habituel* qui n'épuise pas ses forces, on dit qu'une machine est de cinq, dix, quinze, etc. *chevaux*, suivant que le produit analogue qu'elle donne, contient cinq, dix, quinze, etc., fois celui que comporte le travail *habituel* du cheval ; et cependant on ne peut pas conclure de là que cinq, dix, quinze, etc., chevaux, puissent remplacer cette machine, dont le chômage n'est pas assujetti au besoin de nourriture et de repos.

(14). Malgré cette restriction, la force du cheval n'en fournirait pas moins un très-bon type de mesure pris dans la nature, si on avait sa valeur absolue par des données exactes et sur lesquelles on fût généralement d'accord ; malheureusement cet assentiment général n'existe pas. Je n'irai pas chercher bien loin la preuve de ce que j'avance ici, on la trouve dans un rapport joint aux pièces du procès, rédigé par M. Tournelle, et imprimé à la suite de plusieurs autres pièces, en tête desquelles se trouve un autre rapport de MM. Christian, Mollard et Gaillardon. M. Tournelle cite huit à dix évaluations de la force du cheval, tirées des auteurs anglais, de Bélidor, de mon *Architecture hydraulique*, des *OEuvres* de Peronnet, etc. Les Anglais seuls fournissent quatre évaluations différentes de la force du cheval, dont la plus petite n'est qu'environ les deux tiers de la plus grande, leur rapport étant celui de 22916 à 33000 : ainsi ceux qui adopteraient l'usage de l'une devraient regarder l'usage de l'autre comme entraînant des erreurs inadmissibles.

(15). La confusion qui règne dans ces déterminations tient en partie aux différentes ma-

nières d'appliquer la force du cheval ; cet animal ne fournit pas la même quantité d'action
employé à tourner dans un manége, attelé à
une voiture chargée sur son dos, allant au pas
ou au trot; et quand on assigne une valeur à
sa force, il faut énoncer soigneusement à laquelle
de ces diverses manières d'agir on la rapporte :
c'est ce que n'ont pas toujours fait les mécaniciens qui ont tenté de résoudre le problème.

(16). Le travail du cheval dans un manége est celui auquel il paraît le plus convenable de rapporter
l'effet des machines à feu; M. Navier, en combinant
ensemble les résultats les plus dignes de confiance, a trouvé qu'on pouvait représenter la puissance mécanique d'un cheval attelé à un manége,
marchant au pas, et travaillant huit heures sur
vingt-quatre, par l'élévation, dans une seconde
de temps, d'un poids de $40\frac{1}{2}$ kilogrammes à 1
mètre de hauteur; cette quantité d'action, évaluée pour la durée d'une seconde, étant rapportée
à la durée de huit heures, ou 28800'', c'est-à-
dire à la *journée du cheval*, donne un poids de
1166400 kilogrammes élevés à un mètre de hauteur: c'est ce qu'on appelle la *quantité journalière
d'action* du cheval attelé à un manége. (Voyez
le 1er vol. de l'*Arch. hydraul.* de Belidor, édition
de Navier, page 396.)

(17). La conséquence de tout ce qui précède
est que ce type de mesure de force désigné par
la dénomination vague de *cheval*, n'ayant point
de fixation, soit légale, soit généralement convenue, devrait être exactement déterminé, défini dans les transactions entre les vendeurs et les
acquéreurs de machines à feu : cette précaution
n'a point été prise dans les traités passés entre

MM. Edwards et Lecour, et j'aurais voulu, au moins, trouver dans les pièces et renseignemens qui m'ont été fournis à l'occasion de mon expertise, quelque détermination sur laquelle ils fussent d'accord tous deux, et dont l'emploi, dans la discussion de leur affaire particulière, ne serait, par conséquent, sujette à aucune difficulté; mais en parcourant ces pièces, j'ai trouvé, à mon grand étonnement, que cette base fondamentale de calcul, appelée *cheval*, y est, ainsi que le lecteur en a été prévenu ci-dessus, prise tantôt avec une valeur, tantôt avec une autre.

(18). M. Edwards a désiré que ses inventions fussent connues et appréciées par la Société d'encouragement de Paris, qui s'en est fait rendre compte par ceux de ses membres dont les connaissances en mécanique inspirent le plus de confiance; il a dû leur faire part des bases de calcul d'après lesquelles il évaluait la force de ses machines à vapeur, car on lit dans un extrait du *Bulletin* de la Société, du mois de juin 1818, imprimé séparément et joint aux documens qui m'ont été remis, les paroles suivantes : « M. Edwards entend par *force d'un cheval* celle qui » donnerait à une masse de 150 livres (avoir du » poids) la vitesse de 220 pieds anglais par » minute. »

Je remarque que 150 livres élevées à 220 pieds pendant une minute, équivalant à 220 fois 150 livres ou 33000 livres élevées à un pied pendant le même temps, c'est l'évaluation anglaise, qu'on appelle *routinière* et qu'on trouve citée dans l'*Encyclopédie* britannique, à l'article *Steam-engine*, dont l'auteur est le célèbre Watt, article qui a été réimprimé dans le *Mechanical philoso-*

phy, de Robison. (Voyez cet ouvrage, tome 2, page 145). Watt et Boulton ont employé l'unité dynamique de 32000 livres élevées à un pied pendant une minute, mesure anglaise.

La livre, *avoir du poids,* vaut $453\frac{439}{1000}$ grammes; le pied anglais est de $304\frac{7}{10}$ millimètres : prenant le kilogramme, le mètre et la seconde de temps chacun pour unité dans son espèce, on trouvera que les 33000 livres anglaises élevées à un pied anglais pendant 60 secondes de temps, représentent le même effet dynamique que $75\frac{990}{1000}$ kilogrammes, élevés à un mètre de hauteur pendant une seconde de temps.

Telle est l'*unité dynamique* adoptée par M. Edwards dans ses relations avec la Société d'encouragement; cependant j'ai une pièce écrite de sa main, contenant tous les détails d'un calcul qu'il a fait à l'occasion d'un appareil d'épreuve dont il sera question dans la suite de ce rapport, et où ce qu'il appelle *force d'un cheval (horse-power)* n'est plus qu'un poids de 28000 livres anglaises, avoir du poids, élevées à un pied anglais dans une minute, unité dynamique à-peu-près moyenne entre les diverses déterminations anglaises, et équivalente à l'élévation d'un poids de $64\frac{476}{1000}$ kilogrammes, à un mètre de hauteur pendant une seconde de temps. Cette unité est, à $\frac{1}{56}$ près, conforme aux évaluations du physicien anglais Desaguillier, qui fait le poids élevé égal à 27500 livres (1).

_____

(1) Je vois dans d'autres notes, qui m'ont été fournies par une personne à qui M. Edwards avait fait le calcul de la puissance de sa machine, qu'il entendait par *horse-power* un poids de 27000 livres (avoir du poids) , élevé à un pied

(19). Les rapports des experts nommés en 1818 et 1819 présentent un autre mode d'évaluation, que plusieurs ingénieurs français ont adopté. On voit, page 7 de l'imprimé ci-dessus, n°. (18) que MM. Gengembre et Tournelle, l'un arbitre de M. Lecour, l'autre arbitre de M. Edwards, font la force d'un cheval proportionnelle à un poids de 80 kilogrammes élevés à la hauteur d'un mètre pendant une seconde de temps, ou, en d'autres termes, à un poids de 34741 livres, avoir du poids, élevées à un pied anglais de hauteur pendant une minute; et il est singulier qu'après avoir posé cette base d'évaluation à la page 7, on fasse à la page 13 le calcul effectif de la force de la nouvelle machine du Gros-Caillou, en prenant pour terme de comparaison l'élévation de 32000 livres anglaises à un pied anglais de hauteur pendant une minute de temps.

La même unité dynamique de 80 kilogrammes élevés à un mètre de hauteur pendant une seconde de temps, a été employée par M. Girard dans son rapport du 6 avril 1819; elle diffère de celle que M. Edwards a fait servir de base au calcul manuscrit ci-dessus cité, d'un quart environ de cette dernière : en sorte que M. Edwards trouverait vingt-cinq *chevaux* là où M. Girard n'en accorderait que dix-huit, dissidence beaucoup trop forte. La différence serait bien plus grande encore, si un fabricateur, se prévalant de ce que l'unité dynamique, ou la mesure appelée un *cheval*, n'a ni définition légale, ni valeur précisée dans ses conventions avec l'acheteur, décla-

anglais pendant une minute de temps : ainsi, j'ai de lui trois évaluations différentes de l'*horse-power*.

rait, après son marché conclu, qu'il a entendu prendre pour base du calcul du nombre de *chevaux* mesurant la force de sa machine l'évaluation de Smeaton, dont l'autorité, en mécanique appliquée, est bien imposante, et qui donne pour mesure de la force d'un cheval un poids de 22916 livres anglaises élevées à un pied anglais pendant une minute de temps ; je ne sais pas quelle opposition fondée en droit rigoureux on pourrait faire à une pareille déclaration.

(20). Il serait bien important de convenir du choix d'une *unité dynamique* exactement définie, dont l'usage serait obligatoire, et de mettre enfin dans cette partie du système général des mesures la fixité qui existe dans les autres parties. L'importance d'une pareille institution doit être sur-tout appréciée à une époque où la machine à feu, de plus en plus répandue, semble devoir bientôt offrir à l'industrie un instrument universel. On pourrait, dans une pareille détermination, abandonner entièrement les considérations déduites de l'analogie avec la force du cheval. Cette force, dans l'origine, offrait naturellement un terme de comparaison; mais ses diverses évaluations diffèrent tellement entre elles, on y aperçoit si peu l'indice du mode d'action de l'animal, que, dans l'embarras du choix à faire, il vaut peut-être mieux n'en pas faire du tout, et n'assujettir l'adoption d'une unité dynamique qu'à la seule condition de la commodité et de la facilité du calcul (1).

_____

(1) Il me semble que cette condition serait remplie d'une manière satisfaisante , si on prenait pour terme de comparaison l'élévation d'un poids de 100 kilogrammes à un

(21). Je me borne à ces considérations générales, qui suffisent à l'objet du présent rapport,
et que je pourrai reproduire ailleurs, avec des
développemens. Je passe à d'autres considérations, liées aux premières, et aussi importantes
au moins pour l'examen qui m'occupe. J'ai dit

---

mètre de hauteur pendant une seconde de temps ; mais ,
dans le cas où on tiendrait absolument à une unité dynamique qui offrît le moyen de comparer le travail des machines de *va-et-vient* et de *rotation* à celui d'un cheval attelé à un manége, il faudrait, pour rendre la comparaison
immédiate , rapporter cette unité non pas à un effort ins-
tantané de l'animal, mais à la *quantité totale d'action*
qu'il fournit dans le cours d'une journée, lorsqu'il n'est
pas surmené , ou qu'il a environ seize heures de repos sur
vingt-quatre. De cette manière, on aurait, ou immédiatement , ou par un rapport très-simple, ce qu'on ne déduit
de l'ancienne fixation que par des combinaisons de durée
de travail.

Pour éclaircir ceci par un exemple , je remarque qu'en
considérant comme exacte la détermination de la *quantité*
journalière d'action du cheval attelé à un manége , donnée n°. (16), on pourrait arriver à la fixation d'une unité
dynamique , remplissant, d'une manière satisfaisante ,
la condition dont je viens de parler, et ayant , de plus ,
l'avantage d'être exprimée en nombre décimaux. Cette
quantité journalière d'action est représentée par un poids
de 1166400 kilogrammes élevé à un mètre de hauteur.
On peut porter ce poids, en nombres ronds, à 1200000
kilogrammes, en restant toujours dans les limites des déterminations de la force du cheval qui méritent le plus
de confiance ; et si cette quantité d'action est supposée obtenue par le travail uniforme d'une machine , continué
pendant vingt-quatre heures , elle donnera , par heure ,
50000 kilogrammes élevés à un mètre. Prenons pour
unité dynamique l'élévation d'un poids de 100000 kilogrammes à un mètre de hauteur pendant une heure de
temps (la substitution de l'heure à la seconde ou à la minute de temps ne me paraît avoir aucun inconvénient).

qu'en omettant de définir exactement dans le contrat de vente d'une machine l'unité dynamique à laquelle on rapporte son travail, on rendait l'exécution des conditions du marché sujette à des débats très-fâcheux, par les interprétations dont elles

---

Une machine dont une seule unité de cette espèce mesurerait le travail, et qui serait en activité pendant vingt-quatre heures, donnerait une quantité d'action totale égale à 2400000 kilogrammes élevés à un mètre de hauteur, précisément double de celle qu'on obtient de la journée d'un cheval attelé au manége, et qui n'est pas surmené. Considérant ensuite une machine dont le travail serait mesuré par un nombre n d'unités dynamiques, comme celle que je viens de définir, on en conclurait sur-le-champ que le travail de cette machine pendant vingt-quatre heures équivaut non pas à un nombre $2n$ de chevaux, mais à un nombre $2n$ de *journées de chevaux* attelés à des manéges, et dont chacun ferait, dans le cours de vingt-quatre heures, la quantité de travail dont il est capable sans être surmené.

Voilà donc une unité dynamique qui à la propriété d'être exprimée en nombres décimaux réunit celle de donner immédiatement les rapprochemens entre les effets des moteurs animés et inanimés, sans laisser l'embarras de combiner les durées de travail pour arriver à des résultats exprimés en *journées*.

On pourrait, au lieu d'exprimer en kilogrammes le poids élevé pendant une heure de temps, rapporter ce poids à celui du mètre cube d'eau, qui est exactement de 1000 kilogrammes, et on définirait la nouvelle unité dynamique en disant qu'elle représente l'élévation de 100 mètres cubes d'eau à un mètre de hauteur pendant une heure.

Cette manière de l'énoncer fournirait une règle simple et commode pour avoir la mesure du travail d'une machine employée à élever de l'eau à une hauteur donnée en mètres. Connaissant le nombre de mètres cubes élevés par heure, on multiplierait la centième partie de ce nombre par la hauteur donnée, et le produit serait le nombre d'unités dynamiques cherché, double de celui des journées du cheval, qui procureraient, à la même hauteur, la même quan-

deviennent susceptibles; mais dans l'hypothèse même où cette omission n'aurait pas lieu, il y faudrait encore prendre une autre précaution relativement au mode d'évaluation de l'effet de la machine en unités dynamiques convenues par

---

tité d'eau que fournit la machine pendant vingt-quatre heures d'activité non interrompue.

Prenant un exemple applicable aux machines à feu du Gros-Caillou : soit la quantité d'eau élevée pendant une heure de temps égale à 100 mètres cubes et la hauteur d'élévation de 35 mètres. La règle que je viens de poser donne sur-le-champ 35 de mes unités dynamiques , équivalant à soixante-dix journées de cheval attelé au manége. En effet, 100 mètres cubes d'eau par heure produisent 2400 mètres cubes d'eau par jour : or, on a vu plus haut que le cheval attelé au manége fournissait , dans sa journée , l'équivalent de l'élévation d'un poids de 1200000 kilogrammes , ou du poids de 1200 mètres cubes d'eau à un mètre de hauteur, ou , en d'autres termes , du poids de $\frac{1200}{35}$ mètres cubes d'eau à 35 mètres de hauteur. Donc le nombre des journées de cheval attelé au manége , nécessaire pour élever 2400 mètres cubes d'eau à 35 mètres de hauteur, est égal à $\frac{35}{1200} \times 2400 = 70$.

L'unité dynamique dont il a été question n^o. (19) , définie par l'élévation d'un poids de 80 kilogrammes à un mètre de hauteur pendant une seconde de temps, donnerait , par un travail continu de vingt-quatre heures , l'élévation de 6912000 kilogrammes à un mètre de hauteur; ce qui représente $5\frac{76}{100}$ journées de cheval attelé à un manége et $2\frac{88}{100}$ journées d'une machine fournissant la quantité d'action énoncée par ma nouvelle unité dynamique , c'est-à-dire qui , dans un travail continu de vingt-quatre heures , élèverait 100000 kilogrammes par heure à un mètre de hauteur, ou ferait l'équivalent de ce travail. Ainsi, les 35 unités dynamiques , précédemment déterminées , n'en représentent que $\dfrac{35 \times 100}{288}$ ou $12\dfrac{153}{1000}$ de celles qui sont définies à l'article (19) cité.

les parties contractantes. Je vois dans les rapports imprimés sur la nouvelle machine du Gros-
Caillou, et particulièrement dans celui du 6 avril
1819, que pour calculer le nombre d'unités dynamiques que l'auteur a eu grand soin de définir,
mesurant l'effet de cette machine, il a posé en
fait : 1°. que la vapeur motrice était à une certaine
température, qu'il assigne et qu'il considère
comme étant la même, tant dans la chaudière et
le petit cylindre, que dans le grand cylindre, où
il n'admet par conséquent d'autre cause de diminution de ressort que celle de la dilatation;
2°. que chacun des pistons des cylindres à vapeur
faisait, dans un temps donné, un certain nombre
de courses d'une grandeur déterminée. Il a ainsi
un effort et une vitesse desquels il conclut la
quantité d'action fournie par la force motrice,
dans un temps donné. Il retranche un tiers de
cette quantité d'action et considère les deux
autres tiers comme représentant *l'effet utile* de
cette machine.

(22). Cette manière de procéder est vraiment
la seule qu'on puisse employer lorsqu'on est
obligé de calculer *à priori* l'effet d'une machine
qu'on n'a pas éprouvée ou qu'on n'a vue agir
qu'avec une partie de sa force : malheureusement
elle met dans la nécessité de poser en fait plusieurs des choses qui sont en question, et voilà
une source de dissidence entre des évaluations
faites par différentes personnes, à différentes
époques ou dans différentes circonstances : je ci-
terai pour exemple le calcul qu'on trouvera
ci-après, § 6, de l'effet dont la nouvelle machine
est capable. Ce calcul est fait par la méthode
qui a été suivie dans l'expertise de 1819; mais je

n'attribue pas la même température à la vapeur, la même vitesse aux pistons des cylindres à vapeur, et la déduction d'un tiers de la force théorique, qui paraissait exagérée, me semble au contraire trop faible. J'exposerai avec tous les détails nécessaires les motifs qui m'ont engagé à modifier ces données importantes, et j'ai eu pour fixer les anciennes incertitudes qu'elles offraient, des moyens particuliers, qui m'ont de plus servi à établir une comparaison entre l'évaluation théorique et l'évaluation de *fait*, déduite de mes expériences.

(23). Les principaux de ces moyens, que divers obstacles dont je parlerai m'ont empêché de rendre aussi complets que je l'aurais voulu, ont été la mesure exacte, par le thermomètre et le manomètre, de la température et de la tension de la vapeur dans la chaudière, élémens de calcul que je puis employer comme *données de fait*, et non comme données hypothétiques. J'ai de plus adapté à la machine l'appareil dynamique décrit à la suite de ce rapport, pour en obtenir un travail supplémentaire, concurremment avec le travail des pompes à eau; ces divers appareils d'épreuve n'ont pas été employés par les experts qui m'ont précédé, et j'ajouterai que ces experts n'ont pas soumis les machines du Gros-Caillou à un travail aussi considérable et aussi prolongé que celui dont on verra le détail dans les paragraphes suivans.

(24). Je passe aux détails historiques de mes expériences, que je vais donner en suivant l'ordre des dates. Je commencerai par la nouvelle machine, qui a été éprouvée la première, et je finirai par l'ancienne. Tous les détails consignés dans les deux paragraphes suivans sont tirés des notes très-circonstanciées que je tenais dans le cours des expériences et que je comparais ensuite avec celles que M. Mallet avait tenues de son côté. J'ai formé, d'après ces notes, des tableaux synoptiques, à colonnes, sur lesquels tous les élémens de déterminations paraissent, en regard, classés méthodiquement.

Pour fixer les idées et faciliter par des rapprochemens de petits nombres les comparaisons entre les effets mécaniques obtenus dans mes diverses expériences, je rapporterai ces effets à une des unités dynamiques dont j'ai parlé aux n^os. (18) et (19), celle qui est définie par l'élévation d'un poids de 80 kilogrammes à un mètre de hauteur pendant une seconde de temps, et que je désignerai par le nom d'*unité dynamique française*. Cependant on ne doit pas conclure de là que je donne à cette unité la préférence sur les autres types de mesure de son espèce.

§ 3. — *Description historique des expériences faites sur la nouvelle machine à vapeur du Gros-Caillou.*

(25). *Jeudi 5 juillet* 1821; *nouvelle machine.* J'ai dit, n°. (5), que M. Edwards avait déclaré, le vendredi 29 juin, que sa machine était prête à subir les épreuves ordonnées, et nous commençâmes nos opérations officielles le jeudi suivant. Cette première journée était principalement destinée à s'assurer si, en interceptant les communications de l'ancienne machine et faisant cesser son service, la nouvelle pourrait complétement la suppléer en lui donnant la vitesse que comportent le mécanisme et le jeu des pompes à eau; vitesse qui a des limites; le seul, terminé et posé, des appareils d'épreuves que j'avais demandés, était le manomètre de la chaudière, et je regrettais beaucoup de ne pas y trouver le thermomètre, pour lequel il n'y avait encore rien de préparé. Deux manomètres, adaptés l'un au grand et l'autre au petit cylindre à vapeur, étaient construits et disposés de manière que je n'ai pu en déduire aucun résultat digne d'être enregistré avec mes autres observations.

Le procès-verbal des opérations de cette même journée constate ce qui a été dit § 1, depuis le n°. 3 jusqu'au n°. 7, sur les précédens voyages faits à la machine et les retards dans l'exécution des préparatifs nécessaires pour la rendre capable de subir les épreuves auxquelles on devait la soumettre.

Par le même procès-verbal, MM. Edwards et et de Jouy ont demandé, pour les expériences suivantes, la suppression de toutes les communications partant de l'ancienne pompe, et qu'ils soupçonnaient avoir quelque influence possible sur le produit de la nouvelle; M. Lecour a consenti à cette suppression, à la condition qu'on le garantirait et le rendrait indemne des amendes qu'il serait obligé de payer si son service de fourniture d'eau ne se faisait pas; ce qui a été accordé, et la suppression demandée a eu lieu.

(26). La machine était en activité à trois heures cinquante minutes, la manivelle du balancier faisant seize tours par minute, le manomètre de la chaudière indiquant une tension de la vapeur de $3\frac{1}{10}$ atmosphères.

Après avoir laissé agir la machine jusqu'à quatre heures quarante minutes, nous avons été relever le numéro de l'indicateur de la jauge, que nous avons trouvé de 9862°.

2.

A six heures quinze minutes, cet indicateur marquait 9875.

Chaque numéro de cette jauge correspond à un produit de 10 mètres cubes, fourni au réservoir supérieur de la tour. Il y a donc eu 130 mètres cubes, élevés pendant une heure trente-cinq minutes ou une heure $\frac{583}{1000}$; ce qui donne un produit de 82 mètres cubes par heure.

Au moment de cette observation, la manivelle du balancier faisait seize tours $\frac{1}{10}$ par minute, et le manomètre de la chaudière indiquait une tension d'environ 5 $\frac{15}{100}$ atmosphères.

Une observation semblable, faite à sept heures du soir, indiquait un produit de 85 mètres cubes par heure, le nombre des tours de la manivelle du balancier étant alors d'un peu plus de dix-sept par minute, et le manomètre de la chaudière indiquant une tension de 3 $\frac{25}{100}$ atmosphères.

Le produit moyen par heure de 83 $\frac{1}{2}$ mètres cubes d'eau élevés au haut de la tour, peut être représenté par 10 $\frac{147}{1000}$ *unités dynamiques françaises.*

(27). Ce même jour, 5 *juillet*, M. Mallet et moi avons pris sur la machine une partie des mesures qui doivent entrer comme données dans le calcul des effets mécaniques, ainsi qu'on le verra ci-après. Le relèvement du surplus de ces mesures, des différences de niveau par rapport aux eaux de la Seine, etc., a été réservé soit pour les jours suivans d'expérience, soit pour des jours spécialement consacrés à ces opérations.

(28). *Vendredi 6 juillet* 1821. D'après mes instances réitérées, on avait enfin adapté à la chaudière un thermomètre portant la graduation de Réaumur et pouvant marquer une tempéra-

ture très-supérieure à celle que la prudence per·
mettait de donner à la vapeur.

Je suis arrivé au bâtiment de la machine à
midi environ, et je n'en suis reparti que le lendemain à près de trois heures du matin, en sorte
que la durée de la séance a été de quatorze ou
quinze heures.

(29). Le feu a été mis au fourneau à midi et
quarante minutes; la machine était en activité à
deux heures dix minutes, et l'eau élevée par les
pompes a commencé à couler dans le réservoir
placé au haut de la tour à deux heures vingt et
une minutes vingt secondes.

Cet écoulement a duré, sans interruption,
jusqu'au lendemain deux heures quarante - huit
minutes trente secondes; à cette même heure,
tout le charbon pesé, dans le cours de la séance,
était consommé, et le compteur de la jauge de-
venu stationnaire.

Le volume total d'eau élevé au haut de la tour
à 35 mètres de hauteur a été de 1060 mètres
cubes, depuis deux heures vingt et une minutes
vingt secondes jusqu'au lendemain deux heures
quarante-huit minutes trente secondes, c'est-à-
dire en douze heures vingt-sept minutes dix secondes; ce qui donne un produit de $85 \frac{122}{1000}$ mètres
cubes par heure, correspondant à $10 \frac{344}{1000}$ *unités
dynamiques françaises.*

(30). Le poids total de charbon brûlé pour
élever cette eau a été de 734 kilogrammes; ce
qui donne 692 grammes $\frac{4}{10}$ ou un peu moins de
7 hectogrammes pour l'élévation d'un mètre.

J'ai été extrêmement frappé de la différence
existante entre cette quantité de charbon consommée pour l'élévation de chaque mètre cube

d'eau, et celle qui se trouve mentionnée dans les rapports faits d'après les expériences antérieures aux miennes. Je me suis aperçu de cette différence très-promptement, et j'ai redoublé de soins et d'attention pour constater le fait de la manière la plus sûre et la plus authentique. Les pesées ont été faites en quatre parties, à diverses époques du jour : la première de 3oo livres, et chacune des trois autres de 4oo livres, poids de marc, en tout 15oo livres, équivalant à 734 kilogrammes $\frac{1}{4}$. Je me suis assuré de la justesse des balances et de celle des poids. Les pesées ont été faites en présence des parties intéressées, et la combustion du charbon livrée exclusivement aux agens de M. Edwards; malgré cette circonstance, mes coopérateurs et moi nous avions toujours l'œil au mouvement et à l'introduction dans le fourneau du combustible, qui était un mélange moitié Auvergne et mine des Bartes et moitié Blanzi, et nous avons eu une confirmation parfaite du succès de nos soins et de notre surveillance, dans les relations observées entre les quantités de charbon successivement pesées et les quantités d'eau successivement élevées.

(31). La tension de la vapeur dans la chaudière, indiquée par le manomètre, a été, valeur moyenne, équivalente à la pression d'une colonne de mercure de 0^m,3o de hauteur, plus la force élastique d'une masse d'air réduite aux $\frac{14}{44}$ du volume qu'elle occupe sous la charge de 0^m,76 de mercure ; ce qui représente en somme une pression de 3 $\frac{1}{2}$ atmosphères à très-peu près.

Cette pression s'accorde d'une manière satisfaisante avec celle qu'on déduit de la température de la vapeur dans la chaudière, d'après les diverses tables de relations, publiées soit dans les *Mémoires* de Dalton et de Ure, soit dans mon *Traité des machines à feu*. La valeur moyenne de cette température a été de 110 degrés de Réaumur ou 137 ½ degrés centigrades, correspondant dans les *Tables* de Ure, qui me paraissent les mieux adaptées aux usages pratiques, à 3 $\frac{4}{10}$ atmosphères.

Cette température moyenne de 110 degrés est déduite d'une série d'observations faites d'heure en heure, desquelles il résulte que la vapeur a été tenue pendant trois ou quatre heures, sur treize heures de durée totale environ, à 115 et 116 degrés de Réaumur, ou 144 degrés centigrades ; ce qui représente une force expansive de 4 $\frac{1}{6}$ atmosphères, à très-peu près.

(32). Les indications de la jauge, correspondantes à ces hautes tensions, m'ont fourni l'occasion d'observer, sur les pompes à eau, un fait qui est bien connu des hydrauliciens; savoir, que les produits de ces pompes ne sont pas proportionnels aux vitesses des pistons. Je reviendrai sur ce fait.

(33). *Dimanche 8 juillet* 1821.—La connaissance importante à acquérir par les observations de cette séance, étant celle du plus grand produit qu'on pouvait obtenir des pompes lorsque la machine était employée uniquement à élever de l'eau au haut de la tour, je voulais obtenir cette connaissance avant d'adapter à la machine l'appareil destiné à l'évaluation d'un travail additionnel. On sait que la vitesse du piston d'une pompe donnée n'est point arbitraire ; il y a une certaine valeur de cette vitesse qu'il ne faut ni augmenter ni diminuer, et on nuit au produit utile quand on s'en écarte, soit en plus, soit en moins.

Les experts chargés avant moi d'examiner la machine de M. Edwards ont en général employé dans leurs calculs, comme données de faits, des nombres de tours de la manivelle du balancier compris entre quinze et dix-huit, et paraissent penser que le nombre de dix-huit tours ne doit pas être excédé. Mon opinion est qu'il ne doit pas être atteint, sur-tout lorsque la machine fera tout le travail dont elle est capable. Ils n'ont pas déterminé par des mesures immédiates la tension de la vapeur dans la chaudière, ainsi que je l'ai fait tant par l'observation de la température de cette vapeur, que par l'observation du manomètre. M. Girard a établi ses calculs sur l'hypothèse d'une tension de trois atmosphères; mais, dans le cours de mes expériences, elle s'est élevée, pendant des intervalles de temps assez considérables, à plus de quatre atmosphères, la température de la vapeur étant de 116 degrés Réaumur, ou 145 degrés centigrades, et l'air contenu dans le manomètre, réduit au quart de son volume par l'élévation d'une colonne de mercure de 0^m,33, dont le poids s'ajoute à celui qui mesure la compression de l'air. On m'a représenté qu'une aussi haute pression pouvait occasionner la rupture de la chaudière, et je pense en effet qu'il est convenable de ne pas excéder 112 degrés Réaumur, qui répondent à une pression comprise entre trois et quatre atmosphères.

Ainsi voilà deux limites, l'une relative à la vitesse des pistons des pompes, l'autre à la tension de la vapeur, dont la considération rend les expériences que je vais rapporter dignes d'attention.

(34). Je suis arrivé à la machine à midi, heure assignée pour le rendez-vous. Le service des pompes se faisait depuis le matin ; j'ai fait l'essai d'un appareil que j'avais demandé, pour obtenir de la machine un travail additionnel à celui des pompes à eau : mais cet appareil ayant besoin d'être perfectionné, j'ai remis son emploi à une autre séance, après avoir indiqué à M. Lecour les corrections qu'il était convenable d'y faire.

A quatre heures après midi, on a vidé le fourneau et on l'a garni de charbon nouvellement pesé. A quatre heures trente minutes, l'activité de la machine était rétablie ; le thermomètre adapté à la chaudière marquait 115 degrés de Réaumur ; sur les cinq heures, il était descendu à 112 degrés ; mais deux heures après il était remonté à 116 degrés, et s'y est tenu jusqu'à la fin de la séance, terminée à neuf heures dix minutes quarante secondes. Le manomètre a donné une pression mesurée, valeur moyenne, par une colonne de mercure de 0m,33, plus le ressort d'une masse d'air réduite au quart du volume qu'elle occupe sous une charge de 0m,76 de mercure.

A quatre heures cinquante-cinq minutes trente-cinq secondes, le compteur de la jauge, placé au haut de la tour, était sur le n°. 10243 ; à neuf heures dix minutes quarante secondes, il était sur le n°. 10282 : il y a donc eu, pendant quatre heures quinze minutes cinq secondes trente-neuf décrochemens, dont chacun représente un produit

de 10 mètres cubes, et leur somme un produit
de 390 mètres cubes.

Le nombre des tours par minute de la manivelle du balancier a été constamment entre dix-
sept et dix-huit. On peut porter sa valeur moyenne
à dix-sept et demi.

(35). Ainsi, en résultat, les faits observés pendant cette séance donnent, pour le cas d'une
température excédant celle à laquelle la prudence permet d'élever la vapeur dans la chaudière, et le travail des pompes étant le seul dont
la machine fut chargée, un volume d'eau élevé
au haut de la tour, de $91 \frac{734}{1000}$ mètres cubes par
heure, représentant un nombre d'*unités dyna-
miques françaises* égal à $11 \frac{148}{1000}$. Ce sont là des
valeurs moyennes prises entre des extrêmes dont
le plus élevé donnait $95 \frac{42}{1000}$ mètres cubes par
heure, représentant $11 \frac{59}{100}$ *unités dynamiques
françaises.* Cet effet mécanique, s'il n'est pas le
plus grand qu'on puisse obtenir de la machine uniquement employée à faire mouvoir les pompes, en
diffère peu ; je ne trouve de résultat plus fort, soit
dans les tableaux que j'ai formés des expériences
antérieures aux miennes, faites par des experts,
soit dans ceux des miennes propres, que celui
de MM. Gengembre fils et Edwards fils, déduit
de leurs épreuves du 27 janvier 1819, et com-
portant un produit de $97 \frac{747}{1000}$ mètres cubes par
heure, supérieur au mien de $2 \frac{327}{1000}$ mètres cubes,
et représentant $11 \frac{80}{130}$ *d'unités dynamiques françaises,* au lieu de $11 \frac{59}{100}$. Il suit de ces rapprochemens qu'en portant le produit possible par
heure à 100 mètres cubes, ou l'effet dynamique
à $12 \frac{153}{1000}$ *unités dynamiques françaises*, on assigne
un terme qui pèche par excès.

(36). Il est à remarquer que la vitesse des pistons des pompes à eau, notée par MM. Gengembre et Edwards fils, comme correspondant au produit de 97 $\frac{747}{1000}$ mètres cubes par heure, est un peu moindre que la vitesse correspondante au produit 95 $\frac{42}{1000}$ résultant de mes observations, quoique le premier de ces produits excède le second; ce qui confirme les remarques consignées dans le n°. (33) sur la limite supérieure de cette vitesse.

(37). *Lundi, 9 juillet* 1821. J'ai été au Gros-Caillou dans le courant de cette journée, quoiqu'elle ne dût pas être employée aux expériences. M. Lecour avait fait son service avec la nouvelle machine; d'après sa déclaration, le fourneau a été allumé sur les quatre heures du matin, l'activité a duré environ treize heures, et il y a eu 1340 mètres cubes d'eau élevés au haut de la tour, par la combustion de 2004 livres ou 981 kilogrammes de charbon.

(38). Si les treize heures d'activité étaient une donnée très-précise, il résulterait de la déclaration de M. Lecour que la machine aurait élevé au haut de la tour, valeur moyenne, 103 mètres cubes par heure; ce qui surpasse la limite du *maximum* ci-dessus assigné. D'une autre part, les 1340 mètres cubes élevés par la combustion de 981 kilogrammes de charbon donnent une dépense de 732 grammes de combustible pour l'élévation d'un mètre cube, un peu supérieure à celle que j'avais observée trois jours auparavant, mais inférieure à d'autres, qui seront rapportées ci-après.

(39). *Mardi,* 10 *Juillet* 1821. Je suis arrivé à

la machine sur les dix heures du matin. A dix heures quarante-trois minutes trente-cinq secondes, le compteur de la jauge était au n°. 10465; à six heures cinquante-cinq minutes après midi, il était au n°. 10530: il y avait donc eu soixante-cinq décrochemens et 650 mètres cubes d'eau élevés au haut de la tour en huit heures onze minutes vingt-cinq secondes, ou huit heures $\frac{1902}{10000}$; ce qui donne par heure un produit de 79 mètres cubes $\frac{364}{1000}$, et représente un effet de 9 $\frac{644}{1000}$ *unités dynamiques françaises.*

(40). Ces résultats sont déduits d'observations que j'ai faites moi-même; mais la machine que j'ai trouvée en activité travaillait depuis cinq heures du matin, le fourneau ayant été allumé sur les quatre heures : or, d'après le rapport de M. Lecour, à cinq heures le compteur de la jauge marquait 10416; il y avait donc eu à six heures cinquante-cinq minutes du soir cent quatorze décrochemens ou 1140 mètres cubes élevés au haut de la tour pendant treize heures cinquante-cinq minutes ou treize heures $\frac{9167}{10000}$; ce qui donne un produit de 81 $\frac{914}{1000}$ mètres cubes par heure, et un effet mesuré par 9 $\frac{955}{1000}$ *unités dynamiques françaises.* Ce dernier résultat, quoique un peu supérieur à celui qui se déduit de mes seules observations, est plus faible que les résultats calculés d'après les observations des jours précédens; cependant la manivelle du volant n'avait pas eu encore une aussi grande vitesse. La valeur moyenne de cette vitesse, pendant la journée a été de vingt tours $\frac{4}{10}$ par minute. Ce fait est une nouvelle confirmation de ce qui a été dit précédemment sur la vitesse des pistons des pompes, dont l'augmentation au-delà d'une certaine limite ne donne pas une augmentation de produit.

M. Lecour avait, d'après sa déclaration, fait peser 2000 livres de charbon, poids de marc, équivalant à 979 kilogrammes. Ce poids de combustible ayant opéré l'élévation de 1140 mètres cubes d'eau, chaque mètre cube a consommé $\frac{979}{1140}$ kilogramme ou 859 grammes.

(41). J'ai fait, ce même jour, des instances pour le placement de l'appareil que je destinais à évaluer un effet de la machine, additionnel à celui de l'élévation de l'eau par les pompes. M. Edwards avait d'abord consenti à l'établissement de cet appareil, et cependant il y a eu, sur ce point, de grandes altercations entre M. Lecour et lui : il a fini par se rendre à mon opinion, et M. Lecour a promis que l'appareil serait placé le lendemain.

(42). *Mercredi,* 11 *Juillet* 1821. Cette séance avait pour objet principal le premier emploi de l'appareil destiné à obtenir de la machine un effet mécanique additionnel à celui de l'élévation de l'eau par les pompes. Je suis arrivé au Gros-Caillou sur les dix heures du matin : le fourneau avait été allumé à cinq heures et la machine arrêtée à onze heures quinze minutes pour donner la facilité de placer l'appareil dont je viens de parler. A ce moment, il y avait eu, d'après le rapport de M. Lecour, 410 kilogrammes de charbon brûlés, et 400 mètres d'eau élevés depuis le moment de l'activité, qui avait duré cinq heures trente minutes. Ces résultats ne donneraient que 72 $\frac{727}{1000}$, pour le nombre de mètres cubes d'eau élevés dans une heure, représentant un effet de 8 $\frac{838}{1000}$ *unités dynamiques fran-*

çaises. De plus l'élévation des 400 mètres cubes ayant consommé 410 kilogrammes de charbon, la consommation pour chaque mètre cube serait de $1^k. \frac{1}{40}$.

(43). Ces résultats sont bien peu favorables à l'effet de la machine, à qui on avait donné, ce jour-là, une vitesse extraordinaire. Lorsque je suis arrivé, la température de la vapeur dans la chaudière était de 117,0 de Réaumur. On a commis une imprudence en la portant à ce degré, qui donne, sur la paroi intérieure de la chaudière, une pression de $4\frac{1}{3}$ atmosphères. La manivelle du volant faisait par minute vingt-deux tours $\frac{1}{5}$. La température est passée bientôt après à 115,0 $\frac{1}{2}$, et elle était à 110,0 quand on a arrêté.

(44). J'ai déjà dit qu'en voulant ainsi augmenter au-delà d'une certaine limite la vitesse des pistons des pompes, on diminue plutôt qu'on n'augmente l'effet, et mon opinion est fondée sur des raisons bien connues des mécaniciens. J'ajouterai que le travail de la machine, exécuté devant moi, a fourni des résultats plus favorables ; mais, depuis le moment de mon arrivée, la température de la vapeur a baissé rapidement de 7°. En calculant, d'après mes observations, l'élévation par heure au haut de la tour, depuis dix heures jusqu'à onze heures quinze minutes, serait de 90 mètres cubes par heure, représentant un effet de $10\frac{937}{1000}$ *unités dynamiques françaises*, et l'élévation de chaque mètre cube aurait dépensé 889 grammes de combustible.

(45). Après avoir arrêté, à onze heures quinze minutes, on a placé l'appareil pour essayer la force excédante de la machine ; mais les pièces circulaires adaptées à cet appareil n'étant pas assez bien cintrées et tournées, le premier usage qu'on en a fait ne doit être considéré que comme un exercice préliminaire de l'homme qui devait être employé à maintenir le levier dans sa position horizontale.

(46). 27 *juillet* 1821. L'appareil pour mesurer un supplément de force avait été convenablement disposé : on trouvera, dans la note imprimée à la suite du présent rapport, tous les détails nécessaires pour l'intelligence, tant de son usage, que des principes sur lesquels il est construit.

Cet appareil étant posé, on a allumé le fourneau à une heure précise.

La machine était en pleine activité à une heure trente minutes et cette activité a duré jusqu'à cinq heures douze minutes, instant auquel tout le charbon que j'avais fait peser étant brûlé, on a enlevé l'appareil. Le poids de ce charbon était de 600 livres, poids de marc, ou 294 kilogrammes. Voici les résultats des observations.

Le centre de gravité du poids suspendu à l'appareil d'épreuve était placé à une distance horizontale de l'axe fixe de la manivelle du balancier égale à $2^m.\frac{214}{1000}$. Ce poids, pendant les trois heures quarante-deux minutes de travail, a subi quelques variations ; il a d'abord été de 65 kilogrammes, on l'a porté ensuite à 70 puis à 80 et enfin, pendant les cinq derniers quarts d'heure de travail, il a été constamment de 70 kilogrammes : cette dernière valeur doit être regardée comme la valeur moyenne applicable à la durée totale du travail.

(47). Lorsque l'eau est arrivée au réservoir de la tour, le compteur de la jauge était au n°. 2538 ; à cinq heures deux minutes dix secondes, il était au n°. 2568, ce qui fait 50 décrochemens et 300 mètres cubes d'eau, élevés en trois heures trente-deux minutes dix secondes ou trois heures $\frac{536}{1000}$ correspondant à un produit de 84 $\frac{842}{1000}$ mètres cubes par heure.

Ce produit d'eau élevée représente un effet de 10 $\frac{311}{1000}$ *unités dynamiques françaises* : il faut, pour avoir l'effet total de la machine rapporté à un terme de comparaison déterminé et commun, ajouter ce nombre à celui qui représente l'effet additionnel : or cet effet se trouverait tout calculé dans le premier des exemples de la note jointe au présent rapport, si le nombre par minute des tours de la manivelle du balancier était égal à dix-huit, comme on le suppose dans cet exemple, et on aurait, pour l'effet cherché, 3 $\frac{652}{1000}$ unités dynamiques françaises; mais le nombre moyen pendant les trois heures quarante-deux minutes de travail n'ayant été que de quinze tours par minute, il faut diminuer $\frac{1}{6}$ du résultat du calcul de l'exemple cité; ce qui porte l'effet additionnel à 3 $\frac{43}{1000}$ *unités dynamiques françaises.*

(48). Ainsi la somme des effets dus à l'élévation de l'eau par les pompes et à l'appareil d'épreuve est de 15 $\frac{354}{1000}$ unités dynamiques françaises.

(49). Cette réduction des effets dynamiques de différentes espèces à un terme de comparaison commun, fournit le moyen de faire entre ces espèces d'effets la répartition du combustible consommé. La masse totale de charbon brûlé pendant le double travail de la machine, pesée très-exactement, devant moi, a été, ainsi que je l'ai dit précédemment, de 294 kilogrammes; il s'agit de savoir quelle est la portion de la dépense de ce combustible à attribuer à l'élévation de l'eau ; et quelle est la portion consommée pour le travail additionnel. Il est naturel de faire cette répartition dans le rapport du nombre d'*unités dynamiques françaises* qui mesurent chaque espèce de travail, et on trouve, en suivant le calcul,

Charbon brûlé pour l'élévation de 300 mètres cubes d'eau. . . . . 227 kil.

Charbon brûlé pour le travail additionnel. 67

TOTAL, comme ci-dessus. . . 294 kil.

Les 227 kilogrammes de charbon employés à monter 300 mètres cubes d'eau donnent 757 grammes par mètre cube, quantité peu différente de celles qui avaient été observées les 6 et 9 *juillet.*

(50). La séance dont je viens de rendre compte présente des circonstances auxquelles je ne m'attendais pas, qui ont excité ma surprise, fixé mon attention et qui sont dignes de remarque.

Dès que l'appareil d'épreuve a été placé, les agens de M. Edwards, qui, précédemment, avaient une si forte disposition à pousser le feu et à augmenter la vitesse de la machine, ont tout-à-coup modéré l'un et l'autre, et je présume bien que ce changement de conduite a eu lieu d'après les ordres et les instructions de M. Edwards. La température moyenne de la vapeur a été maintenue entre 108 et 109 degrés de Réaumur, ce qui correspond à une tension d'environ trois atmosphères, la manivelle du balancier ne faisant, ainsi que je l'ai dit précédemment, valeur moyen-

ne, que quinze tours par minute. On verra ci-
après qu'en portant ce nombre à seize, on a ce
qu'on pourrait appeler la *vitesse de régime* de la
machine, quand elle est employée à produire
tout l'effet dont elle est capable.

(51). *3 août* 1821. Cette séance, destinée à la
continuation des expériences sur le travail de la
machine additionnel à celui qui était employé
à l'élévation de l'eau par les pompes, est divisée
en deux parties, et voici d'abord les résultats de
la première partie.

J'ai fait peser, en arrivant, 250 kilogrammes
de charbon, moitié Auvergne et moitié Blanzy.

La machine était arrêtée et le compteur de la
jauge marquait le n°. 3371.

D'après la demande de M. Edwards, j'ai fait
desserrer le coussinet de l'axe fixe de la manivelle du balancier, du côté de l'appareil d'épreuve. Cet appareil était disposé de manière à mesurer un travail de 4 *unités dynamiques françaises*,
dans le cas où la manivelle du balancier aurait
fait vingt tours par minute. Il fallait, pour cela,
suspendre au levier horizontal un poids de
80 kilogrammes à une distance de 1^m,91 de
l'axe fixe de la manivelle du balancier. (Voyez
la deuxième note jointe au rapport.)

Le fourneau a été allumé à une heure dix
minutes après midi, à une heure vingt-sept
minutes la machine était en train, et l'eau a
commencé à couler dans le réservoir supérieur
à une heure trente-deux minutes ; à quatre
heures quatorze minutes, les 250 kilogrammes
de charbon étaient consommés. Le compteur
de la jauge marquait 3394 : ainsi, depuis une
heure trente-deux minutes il y avait eu vingt-

trois décrochemens et 230 mètres cubes d'eau élevés en deux heures quarante-deux minutes de temps.

(52). Pour évaluer en unités dynamiques l'effet produit par la machine depuis le commencement de son action jusqu'au moment où cette première pesée de charbon a été consommée, considérant d'abord le travail des pompes, les 230 mètres cubes d'eau élevés en deux heures quarante-deux minutes ou deux heures $\frac{7}{10}$ donnent un produit de 85 mètres cubes $\frac{185}{1000}$ par heure, correspondant à 10 $\frac{352}{1000}$ *unités dynamiques françaises.*

Passant au travail additionnel mesuré par l'appareil d'épreuve, on voit, dans la deuxième note jointe au présent rapport, deuxième exemple, que chaque poids de 20 kilogrammes suspendu à 1^m,91 de l'axe fixe de la manivelle du balancier représente une *unité dynamique française,* dans l'hypothèse où cette manivelle ferait vingt tours par minute : or le nombre de tours de cette manivelle, effectif et observé, n'était que de quinze, et l'effet cherché est proportionnel à ce nombre de tours (première équation (2)). Ainsi chaque poids de 20 kilogrammes, à la distance de 1^m,91 de l'axe fixe, ne représentait que $\frac{3}{4}$ *d'unité dynamique française* (1), qui, réunis aux 10 $\frac{352}{1000}$ unités données

_____

(1) J'ai eu occasion de vérifier des calculs faits par M. Edwards sur les expériences relatives au travail additionnel mesuré par mon appareil d'épreuve ; ces calculs donnent 4 $\frac{1}{5}$ unités dynamiques au lieu de 3 unités que j'ai trouvées ; mais cette différence tient uniquement à celle des élémens de calcul que M. Edwards a employés. Il prend pour unité dynamique, sous la dénomination de

par le travail des pompes, forment un total de $13 \frac{352}{1000}$ unités.

(53). La quantité totale de charbon brûlé est de 250 kilogrammes et la partie proportionnelle de cette consommation provenant du travail des pompes est de $\frac{10.352}{13.352} \times 250 = 193,83$ kilogrammes ; le volume d'eau élevé au haut de la tour étant de 230 mètres cubes, l'élévation de chaque mètre cube a dépensé $842 \frac{78}{100}$ grammes de charbon.

Je passe à la deuxième partie de la séance du 3 *août*.

(54). Pendant la combustion des 250 kilogrammes de charbon, qui était effectuée à quatre heures dix minutes, j'en avais fait peser cent nouveaux kilogrammes, et au moment où on

---

cheval (*horse*) , l'élévation d'un poids de 28000 livres anglaises, *avoir du poids*, à la hauteur d'un pied anglais pendant une minute de temps ; ce qui , rapporté au kilogramme , au mètre et à la seconde de temps, pris chacun pour unité de leur espèce , équivaut à $64 \frac{1}{7}$ kilogrammes élevés à un mètre de hauteur dans une seconde de temps.

De plus, il suppose que le poids suspendu au levier horizontal est de 179 livres, *avoir du poids*, ou $81 \frac{166}{1000}$ kilogrammes , et que ce poids agit à $78 \frac{1}{7}$ pouces anglais , ou $1^{m},987$ de distance de l'axe fixe de rotation , et enfin il calcule d'après une vitesse de seize tours par minute.

La plus grande différence entre ces données et celles dont j'ai dû faire usage se trouve dans la valeur absolue de l'unité dynamique. M. Edwards, calculant d'après les premières, a trouvé $4 \frac{17}{100}$ unités dynamiques : la vérification rigoureuse que j'ai faite de son calcul m'a donné $4 \frac{19}{100}$: la différence ne mérite pas qu'on y ait égard ; mais il prétend que, pour avoir l'effet total de l'appareil d'épreuve , il faut doubler le résultat, et la fausseté de cette opinion sera manifeste pour tous les mécaniciens instruits qui liront avec quelque attention la 2e. note jointe au présent rapport.

allait maintenir, avec cet approvisionnement, l'activité de la machine, c'est-à-dire à quatre heures quatorze minutes, j'ai fait enlever 20 kilogrammes du poids de 80 kilogrammes suspendus au levier de l'appareil d'épreuve, et ce poids s'est trouvé ainsi réduit à 60 kilogrammes. Le compteur de la jauge de la tour marquait, ainsi que je l'ai dit, n°. (51), 3394; à cinq heures quarante minutes, tout le charbon était brûlé et le compteur marquait 3407 : dès ce moment, et en quatre ou cinq minutes, l'activité de la machine s'est éteinte et on a enlevé l'appareil d'épreuve. Il y a eu ainsi treize décrochemens pendant une heure vingt-six minutes ou une heure $\frac{433}{1000}$ et 130 mètres cubes d'eau élevés.

La vitesse moyenne de la manivelle du balancier a été, pendant cette seconde partie de la séance, de seize tours par minute, à très-peu près, et la température moyenne de la vapeur, dans la chaudière, considérée dans la durée entière de la séance, de 108° de Réaumur.

(55). Appliquant le calcul à ces données, on trouve d'abord que 130 mètres cubes élevés dans une heure vingt-six minutes, équivalant à 90 $\frac{699}{1000}$ mètres cubes élevés par heure, représentent 11 $\frac{22}{1000}$ unités dynamiques françaises à attribuer au travail des pompes.

De plus, le travail fourni par l'appareil d'épreuve donnerait (voyez la note jointe au rapport) 3 *unités dynamiques françaises*, si la machine eût fait vingt tours par minute; mais comme elle ne faisait que seize tours, il faut réduire ce nombre d'unités dans le rapport de vingt à seize, c'est-à-dire en prendre les $\frac{4}{5}$: ce qui donne $2\frac{2}{5}$ unités dynamiques, mesurant l'effet mécanique produit sur l'appareil d'épreuve.

La somme de ces deux nombres d'*unités dynamiques françaises* est $13\frac{422}{1000}$.

(56). Faisant entre les deux espèces de travaux la répartition des 100 kilogrammes de combustible consommés, on a pour la part des pompes à eau $\frac{11,022}{13,422} \times$ 100 kilogrammes $= 82^k$ 122. Le volume d'eau élevé pendant que cette combustion avait lieu est de 130 mètres cubes; mais il faut observer que la température de tout le système, au commencement de la seconde séance, était établie par la combustion opérée pendant la première, en sorte que, pour avoir le rapport effectif du poids de charbon brûlé au volume d'eau élevé, il faut comparer la somme des poids à la somme des volumes pris dans les deux séances. On a ainsi un volume total de 360 mètres cubes, élevés par la combustion de 276 kilogrammes de charbon; ce qui donne, pour chaque mètre cube, une consommation de $766\frac{7}{10}$ grammes.

§ 4.— *Description historique des expériences faites sur l'ancienne machine à vapeur du Gros-Caillou.*

(57). On a vu précédemment, N°. (25), que, pour éviter toutes les causes de déchet du produit de la nouvelle machine, on avait complétement isolé l'ancienne des tuyaux d'aspiration et d'ascension. Le rétablissement des communications et quelques dispositions et réparations ont retardé la mise en activité de cette ancienne machine, la nouvelle continuant à faire le service journalier de la fourniture des eaux pendant le retard; ces circonstances, les devoirs que m'imposaient, soit mes fonctions habituelles, soit d'autres examens dont j'étais chargé, et enfin les devoirs et les affaires qui retenaient dans le département de la Seine-Inférieure le collègue dont la coopération m'était si utile, m'ont laissé, pendant long-temps, dans l'impossibilité d'entreprendre des expériences sur l'ancienne machine. Ce ne fut qu'au mois de janvier 1822, que M. Mallet ayant eu la possibilité de venir passer quelques jours à Paris, nous fîmes nos dispositions pour terminer notre grand travail de la manière la plus authentique et la plus concluante.

(58). *Vendredi*, 25 *janvier* 1822. On a commencé à chauffer à midi et un quart; à midi et quarante-deux minutes, la machine était en pleine activité; le compteur de la jauge était au N°. 2646, et l'eau arrivait au haut de la tour. L'activité s'est maintenue jusqu'à six heures trente minutes; mais, sur les six heures trente-cinq minutes, l'eau s'étant abaissée de 4 ou 5 centimètres dans la chaudière, le régulateur faisait mal ses fonctions. On a arrêté pendant quarante minutes pour former de la vapeur : l'activité a repris à six heures cinquante-cinq minutes, et la machine s'est arrêtée, faute de vapeur, à sept heures dix-sept minutes, le compteur de la jauge marquant le N°. 2714 : ainsi, pendant six heures trente-cinq minutes, y compris les vingt minutes de chômage employées à renouveler la vapeur, le compteur de la jauge a décroché soixante-huit fois, et par conséquent il y a eu 680 mètres cubes d'eau élevés au haut de la tour.

(59). La vitesse moyenne de la machine pendant le temps de son activité, a été de cent neuf levées du piston du cylindre à vapeur par chaque dixaine de minutes de temps, ou $10\frac{9}{10}$ levées par minute.

A chaque levée, le piston de la pompe à eau faisait une course de $2^m,023$; le diamètre de ce piston est de $0^m,339$, d'où on conclut sa section horizontale égale à $0^{m.carré},09025$, et le volume du cylindre qui, sur cette base, a $2^m,023$ de hauteur, égal à $0^{m.cube},1826$.

(60). Le charbon mis dans le fourneau a été pesé avec le plus grand soin et la plus grande exactitude, la quantité totale consommée pour élever les 680 mètres cubes d'eau a été de 555 kilogrammes; ce qui donne une dépense de $816\frac{17}{100}$ grammes de charbon pour chaque mètre cube d'eau élevé au haut de la tour. L'élévation des 680 mètres cubes en six heures trente-cinq minutes ou six heures $\frac{583}{1000}$, représente un produit de $103\frac{2}{10}$ mètres cubes par heure, et un effet utile mesuré par $12\frac{53}{100}$ *unités dynamiques françaises.*

(61). Avant de connaître ces résultats de calculs, et n'ayant pas même encore les données nécessaires pour les obtenir, nous avions prié M. Lecour de nous dire quelle était la consommation habituelle de charbon qu'exigeait son service. Il nous a déclaré qu'il brûlait, terme moyen, par heure, un hectolitre ras de charbon, dont la combustion opérait l'élévation de 100 mètres cubes d'eau au sommet de la tour. Pour pouvoir comparer cette déclaration avec les résultats de nos expériences, il fallait connaître le poids d'un hectolitre ras de charbon, que nous avons trouvé, par des opérations répétées et faites avec beau-

coup de soin, égal à 87 $\frac{31}{100}$ kilogrammes. Or,
100 mètres cubes élevés par la combustion de ce
poids de charbon donnent une consommation
de 873 grammes par mètre cube, nos expériences
nous en ont donné 816, c'est-à-dire environ $\frac{1}{16}$
de moins : ainsi la déclaration de M. Lecour n'est
point exagérée en sa faveur. La petite économie
de combustible que nous avons eue doit être,
selon toute apparence, attribuée à l'attention particulière avec laquelle la conduite de la machine
a été surveillée pendant la durée de nos expériences.

(62). *Mercredi*, 30 *janvier*. Le début de cette
séance a fourni matière à des observations qu'il
est important de consigner ici, mais qu'il serait
imprudent de répéter.

À huit heures douze minutes du matin, la machine était en activité, le compteur de la jauge
était au N°. 3190; à huit heures vingt-deux minutes cinq secondes, ce même compteur est
passé au N°. 3194, de manière que pendant dix
minutes et cinq secondes, il y a eu quatre décrochemens, l'intervalle de temps entre chacun étant, valeur moyenne, de deux minutes
trente et une secondes $\frac{1}{4}$. Les décrochemens ont
été soigneusement observés l'un après l'autre.

Le produit de la machine, conduite convenablement, peut être fixé à 100 mètres cubes
par heure; ce qui donne dix décrochemens en
soixante minutes. Ainsi, pendant les dix minutes
d'action dont je viens d'exposer les résultats, sa
vitesse était entre le double et le triple de ce
qu'elle doit être habituellement; cette vitesse
suppose une tension de la vapeur très-supérieure
à celle que la chaudière est destinée à supporter.

Les quatre décrochemens qui ont eu lieu pendant dix minutes cinq secondes ou $0^{\text{heure}},1681$, indiquent une élévation de 40 mètres cubes d'eau, au haut de la tour, qui, si le travail de la machine se maintenait le même pendant une heure, donnerait un produit de $237 \frac{96}{100}$ mètres cubes, représentant $29 \frac{919}{1000}$ *unités dynamiques françaises.*

(63). Cette marche extraordinaire et imprudente de la machine se ralentit graduellement depuis huit heures vingt-deux minutes jusqu'à huit heures quarante-cinq minutes, de manière qu'entre huit heures quarante-cinq minutes et neuf heures, l'intervalle entre deux décrochemens successifs était de plus de cinq minutes.

A neuf heures, on a interrompu le travail de la machine, on s'est occupé de nettoyer le fourneau, on a vidé la colonne ascendante portant l'eau au haut de la tour et on s'est mis en devoir d'allumer de nouveau; ce n'est que de ce moment que datent les observations dont nous tiendrons compte pour l'évaluation de l'effet de la machine, sans égard aux faits constatés, avant neuf heures, qui n'en sont pas moins dignes d'attention.

Ces nouvelles observations, qui ont duré depuis neuf heures du matin jusqu'à sept heures trente-cinq minutes du soir, présentent trois époques dont je vais rendre compte successivement.

(64). *Première époque.* La machine, rallumée sur les neuf heures, était en mouvement à neuf heures dix-huit minutes vingt-quatre secondes, et au même instant le compteur de la jauge marquait 3202. L'activité a duré jusqu'à deux heures une minute trente secondes après midi, et, à cet instant, le compteur de la jauge marquait 3250 : ainsi il y a eu quarante-huit décrochemens, ou 480 mètres cubes d'eau élevés au haut de la tour pendant quatre heures quarante-trois minutes six secondes ou quatre heures $\frac{718}{1000}$; ce qui donne un produit de 101 $\frac{7}{10}$ mètres cubes par heure ou 12 $\frac{48}{100}$ *unités dynamiques françaises.*

(65). La quantité de charbon formée du même mélange que précédemment, et dont la combustion a opéré cet effet mécanique, pesée avec tout le soin et toute l'exactitude possibles, est de 359 $\frac{4}{10}$ kilogrammes.

(66). Pendant cette première époque, le nombre des levées du piston du cylindre à vapeur était d'un peu plus de onze par minute de temps; sa valeur moyenne est de 11 $\frac{17}{100}$.

(67). *Seconde époque.* A deux heures une minute trente secondes, on a nettoyé le fourneau, vidé le tuyau de la colonne d'eau ascendante, et on s'est mis en devoir de rallumer le fourneau. La machine était en mouvement à deux heures vingt minutes cinquante secondes; l'eau a paru au réservoir supérieur à deux heures vingt-quatre minutes, et elle entrait dans le tuyau qui communique à la jauge à deux heures vingt-six minutes cinquante secondes, le compteur de cette jauge étant resté au n°. 3250, où il se trouvait à la fin de la première époque.

L'activité a duré jusqu'à quatre heures cinquante-deux minutes quinze secondes, instant auquel le compteur de la jauge marquait 3275 : ainsi il y a eu vingt-cinq décrochemens ou 250 mètres cubes d'eau élevés au haut de la tour en deux heures trente et une minutes vingt-cinq secondes, ou deux heures $\frac{524}{1000}$; ce qui donne 99 $\frac{1}{20}$

mètres cubes par heure, et un effet mécanique mesuré par $12 \frac{37}{1000}$ *unités dynamiques françaises.* Un reste d'activité et quelques pesées de charbon ont produit, après les vingt-cinq décromens dont je viens de parler, six décrochemens que je ne ferai point entrer en compte.

(68). Les pesées du charbon consommé pour élever les 250 mètres cubes d'eau susmentionnés, qui ont été faites avec le plus grand soin, se sont montées, en somme, à. $280 \frac{7}{10}$ kilogrammes.

(69). Pendant la durée de l'activité, le nombre des levées du piston du cylindre a été, valeur moyenne, de $10 \frac{95}{100}$, par minute.

(70). *Troisième époque.* Le fourneau étant nettoyé, le tuyau de la colonne ascendante vidé, et le fourneau rallumé pour la troisième fois, la machine était en mouvement à cinq heures cinquante minutes vingt secondes; j'ai entendu le premier coup de piston à cinq heures cinquante minutes trente-cinq secondes, et le premier bouillon d'eau a paru dans le réservoir au haut de la tour, à cinq heures cinquante-deux minutes quarante secondes. A cinq heures cinquante-cinq minutes huit secondes, le compteur de la jauge marquait 3281.

L'activité a duré jusqu'à sept heures trente-quatre minutes dix secondes, instant auquel le compteur de la jauge marquait 3301. Ainsi, pendant une heure quarante-trois minutes trente-cinq secondes, ou une heure $\frac{726}{1000}$, on a eu vingt décrochemens, ou 200 mètres cubes élevés au haut de la tour; ce qui répond à un produit de $115 \frac{9}{10}$ mètres cubes par heure, et à un effet de $14 \frac{80}{1000}$ *unités dynamiques françaises.*

(71). A compter du moment où le fourneau, préalablement nettoyé, a été rallumé, le poids du charbon brûlé pour élever les 200 mètres cubes d'eau, poids qui a été déterminé avec les soins et les attentions ordinaires, s'est trouvé de 149 $\frac{6}{10}$ kilogrammes.

(72). Pendant la durée de l'activité, le nombre des levées du piston du cylindre a été, valeur moyenne, de douze par minute, à très-peu près.

Le travail de la machine pendant cette troisième époque surpasse sensiblement le travail moyen que nous avions précédemment observé, et même celui qu'on avait obtenu dans les expertises antérieures à la mienne ; mais M. Mallet et moi, nous pouvons affirmer que tous les faits ci-dessus exposés sont de la plus parfaite exactitude. Nous n'avons pas perdu de vue, un seul moment, le chauffage, la manœuvre et la machine, à côté de laquelle nous avons fait apporter la nourriture que la longueur de notre séance nous rendait nécessaire.

(73). La quantité totale d'eau élevée pendant cette journée est de 930 mètres cubes ; le poids du charbon brûlé pour opérer cette élévation est de 769 $\frac{7}{10}$ kilogrammes : ainsi l'élévation de chaque mètre cube d'eau a consommé 827 $\frac{11}{100}$ grammes de charbon.

§ 5. *Observations sur les faits consignés dans les paragraphes précédens.*

(74). Un premier résultat des faits consignés dans les deux paragraphes précédens, est que mes expériences sont d'accord avec celles des experts qui ont examiné les deux machines avant moi quant à ce qui concerne le travail des pompes, ou les quantités d'eau élevées au haut de la tour par l'une et l'autre machine pendant une même durée de temps. En effet, le relevé de mes tableaux d'expériences me donne, pour la nouvelle machine, valeur moyenne, 91 mètres cubes d'eau par heure, et celle de MM. Edwards fils et Gengembre, adoptée par M. Girard, en donne 96.

Les résultats relatifs à l'ancienne machine sont encore plus rapprochés ; mes tableaux donnent 102 mètres cubes d'eau élevés par heure, MM. Edwards et Gengembre en ont trouvé 101 $\frac{1}{2}$.

Cette concordance entre les expériences anciennes et nouvelles me paraît fournir un résultat définitif sur le travail des machines relatif à l'élévation de l'eau au haut de la tour, dans l'hypothèse où les pompes à eau de la nouvelle machine seraient conservées dans leur état actuel. On sait que le produit d'une pompe aspirante et foulante ne croît pas indéfiniment avec la vitesse du piston de cette pompe, mais que cette vitesse doit, pour procurer le *maximum* d'effet, être maintenue dans des limites qui dépendent de circonstances particulières. On voit dans les rapports de MM. les experts chargés d'examiner la machine avant l'année 1821, que le nombre des tours de la manivelle du balancier pendant une minute doit être compris entre seize et vingt ; M. Edwards prend pour base de ses calculs le nombre seize, et je pense que c'est en effet celui qui est le mieux adapté à l'état effectif des pompes à eau. Cette opinion est justifiée par mes tableaux d'expériences, où je vois que les produits, sous les vitesses de seize à dix sept tours par minute, surpassent en général les produits sous les vitesses de vingt à vingt et un tours, et réunissent ainsi à l'avantage de la plus grande quantité d'eau celui de la moindre fatigue du mécanisme.

(75). Ainsi il y a, dans les grandes vitesses, un déchet, ou une augmentation de déchet qui n'est point compensée par la plus grande fréquence des aspirations et des refoulemens ; ce fait amène naturellement une observation relative à l'emploi (dont je vois des exemples dans les notes que je me suis procurées) de la section horizontale et de la course du piston d'une pompe à eau, pour calculer le volume de fluide que chaque refoulement élève au réservoir ; ce volume n'est, sous les vitesses les plus favorables au produit, qu'une partie plus ou moins considérable du volume du solide engendré par la section horizontale du piston, dans sa course, et ce résultat, applicable à toutes les pompes à eau, se trouve, dans le cas dont il s'agit ici, confirmé tant par les anciennes que par les nouvelles expériences faites sur l'ancienne et la nouvelle machine.

Il est aisé d'en faire une vérification d'après les données consignées dans les paragraphes précédens. Le *maximum* du produit, par heure, des pompes à eau de la nouvelle machine est, d'après le rapport de M. Girard, d'environ 100 mètres cubes, mes tableaux d'observations ne donnent guère que les $\frac{10}{11}$ de ce produit ; supposons-le de 95 mètres cubes par heure, quoique ce nombre soit supérieur à ce que comportent mes expériences, la manivelle du balancier faisant seize tours par minute, le nombre des

tours par heure sera de 960, et chaque tour
de manivelle représentera un volume d'eau
élevé au haut de la tour, égal à $\frac{95}{960}$ de mètre
cube, un peu moins de 99 litres : or, d'après
les mesures exactes que j'ai prises, les 5 juillet et 10 août 1821, la course de chaque piston des pompes à eau est de $1^m,243$, et sa circonférence de $0^m,745$, d'où on conclut son
diamètre de $0^m,23715$, sa section horizontale
de $0^{m.\,carré},044171$, et le solide engendré par cette
section, dans une course de $0^{m.\,cube},054904$, dont il
faut prendre le double, égal à 111 litres, parce
que chaque piston opère un refoulement pendant que la manivelle du balancier fait un tour
entier. Soustrayant de ce dernier volume les
99 litres effectivement élevés, on a un dé-
chet de 12 litres sur 111, ou plus de $\frac{1}{10}$; il ne
faut pas perdre de vue que j'ai employé les données les plus favorables : ce n'est pas trop, dans
les cas ordinaires, de compter sur $\frac{1}{9}$ et même $\frac{1}{8}$ de
déchet.

L'ancienne machine a fourni, dans les expertises tant anciennes que nouvelles, environ 102
mètres cubes d'eau par heure, en opérant de
onze à onze et demi refoulemens par minute.
Posons le produit de 100 mètres cubes par heure, et le nombre des refoulemens de onze par
minute, ou six cent soixante par heure, chaque
refoulement donnera $\frac{100}{660}$ de mètre cube, ou 151
litres $\frac{52}{100}$. Or la course du piston de la pompe à
eau est de $2^m,023$, le diamètre du piston de
$0^m,339$, d'où on conclut sa section horizontale,
de $0^{m.\,carré},090259$, et le solide engendré par
cette section, dans une course, de $0^{m.\,cube},1826$;

retranchant de ce dernier volume les $0^{\text{mètr.cub.}}, 1515$
effectivement élevés, on a un déchet de 3'litres,
ou de $\frac{1}{6}$ à très-peu près.

Je n'entrerai dans aucun détail sur les causes
de ces déchets, qui sont bien connues des hydrauliciens et des mécaniciens instruits, et qui
tiennent à l'aspiration, le refoulement ne pouvant élever que ce qui est aspiré, et l'élevant sans
perte sensible.

(76). Jusqu'ici aucun de mes résultats ne diffère de ceux qu'on déduit des anciennes expertises, de manière à se trouver au-delà des limites qui séparent les faits compatibles des faits
incompatibles : malheureusement les observations relatives à la quantité de charbon brûlé
pour faire une quantité égale de travail ne présentent pas, à beaucoup près, le même avantage.
Les dissidences ne sont pas très-fortes quant au
charbon consommé par l'ancienne machine; mais
s'il s'agit de la nouvelle, les résultats fournis par
MM. Gengembre fils et Edwards fils, et adoptés
par M. Girard, donnent une dépense de charbon
brûlé pour chaque mètre cube d'eau élevé au
haut de la tour, dont le rapport avec la dépense
du même combustible, déduite de mes expériences, est sensiblement de huit à quinze.

(77). Ce rapport se déduit non-seulement des
observations sur le travail de la machine réduit
au seul mouvement des pompes à eau, mais encore de celles qui ont eu pour objet l'examen de
ce travail lorsque l'appareil d'épreuve représentait un supplément. J'ai eu grand soin, dans ce
dernier cas, ainsi qu'on l'a vu § 3, d'évaluer les
portions respectives du poids total de combus-

4

tible consommé à attribuer aux pompes et à
l'appareil d'épreuve.

J'ai consigné dans le § 10 ci-après le tableau
des données et des résultats précis de mon calcul
relatifs à cette importante détermination.

(78). Je ne sais à quoi, attribuer une aussi
grande différence ; je soupçonnerais quelque dé-
rangement accidentel dans la machine , quoique
M. Edwards eût annoncé positivement qu'elle
était en bon état de service, si elle n'eût pas pré-
senté d'ailleurs les mêmes phénomènes de vitesse,
de travail , etc., que dans les expertises des an-
nées précédentes : ce qui ne me laisse pas la
moindre incertitude , c'est l'exactitude des opérations que M. Mallet et moi avons faites pour
constater les poids de charbon brûlé et les volumes correspondans d'eau élevés au haut de la
tour ; ces volumes sont beaucoup plus considérables que ceux sur lesquels MM. Edwards fils et
Gengembre fils ont établi leurs calculs. Les expériences répétées plusieurs fois, et dans des circonstances de travail différentes, ont entre elles
un accord que des opérations erronées ne sau-
raient jamais offrir, et sont d'ailleurs conformes
aux renseignemens particuliers que nous nous
sommes procurés sur la dépense habituelle de
combustible de la machine, lorsqu'elle faisait le
service des eaux en juillet et août 1821.

(79). La diminution de la dépense du charbon, attribuée aux machines construites d'après
le système de Wolf et Edwards, extrêmement
accréditée , est incontestable ; on ne peut point
arguer de faux, mais tout au plus d'exagération,
ceux qui en ont parlé. Il y a trente-trois ans qu'on

a pu lire, dans mon ouvrage sur les machines à feu, que, pour produire un effet mécanique donné, il y avait économie de combustible à élever la vapeur à une haute température; aperçu qui a ensuite été combiné avec l'heureuse idée de ne condenser cette vapeur qu'après sa dilatation, soit dans un même cylindre, soit dans deux cylindres. J'avoue que j'ai été fort étonné d'arriver, dans mes expériences du Gros-Caillou, à des résultats beaucoup moins satisfaisans que ceux sur lesquels je comptais; mais je dois rapporter les faits tels que je les ai observés.

§ 6. *Discussion des bases du calcul qu'on peut faire de l'effet mécanique de la nouvelle machine, sans employer les données expérimentales fournies par les épreuves auxquelles on a soumis cette machine.*

(80). Je crois qu'il est convenable, avant de passer à la discussion des expériences faites avec l'*appareil d'épreuve* (celui par lequel j'ai obtenu de la nouvelle machine un travail supplémentaire à celui des pompes à eau), de présenter, d'après la promesse que j'en ai faite (n°. 22), le calcul que l'on pourrait établir, *à priori*, de l'effet de cette machine : j'emploierai, pour cette évaluation, la méthode suivie dans les expertises de 1818 et 1819, et j'établirai une règle de calcul plus précise; mais les données qui à cette époque ont servi de base à ce calcul, me paraissent susceptibles de modifications, sur lesquelles je vais donner quelques explications.

(81). Dans le rapport du 6 avril 1819, on admet, comme température moyenne de la vapeur dans la chaudière, celle de 111 degrés R., à laquelle

4.

on attribue une pression de trois atmosphères, sensiblement conforme à ce que donnent les tables calculées d'après les expériences de Dalton ; et c'est cette pression qui est employée dans le calcul.

La température de 111 degrés n'est point exagérée, et en combinant l'ensemble de mes expériences, qui m'ont fait observer et des températures trop faibles et des températures élevées, propres à faire craindre des accidens, je pense qu'on doit prendre pour température moyenne effective une température un peu supérieure à 112 degrés de Réaumur, correspondant à 140 degrés centigrades, ou 284 degrés de Fahrenheit : or, d'après les expériences faites en Angleterre par le docteur Ure, qui sont regardées comme les mieux adaptées à la pratique, de toutes celles qui existent, cette température de 284 degrés de Fahrenheit correspond à une pression de trois atmosphères, plus une fraction de $\frac{6}{10}$ à $\frac{7}{10}$, et je considérerai la pression de trois atmosphères $\frac{7}{10}$ comme étant celle d'après laquelle la force de la machine doit être évaluée (1).

---

(1) Le docteur Ure a fait des expériences non-seulement sur la vapeur de l'eau, mais encore sur celles de plusieurs autres liquides. Ces dernières ont donné lieu à quelques critiques parmi les physiciens ; mais personne, que je sache, ne conteste l'exactitude des premières et l'utilité de leur application aux machines. Ses résultats tiennent à-peu-près le milieu entre ceux de Dalton et ceux que j'ai publiés, en 1790, dans mon *Traité des machines à feu*, et dont j'ai donné la loi. Le docteur Ure a exprimé, par une formule très-élégante, la relation entre les tensions et les températures. Son mémoire est publié dans les *Transactions philosophiques* de 1818 : je crois qu'il n'était pas encore connu en France lorsque MM. les experts de 1818 et 1819 ont fait leur travail.

Nota. *Depuis la rédaction de mon Rapport, M. Clé-*

Je calculerai, ainsi qu'on l'a fait en 1818 et 1819 , dans l'hypothèse de l'identité de température de la vapeur dans la chaudière, dans l'enveloppe des cylindres et dans ces cylindres eux-mêmes, où elle se trouve à différens états de dilatation , quoique cette hypothèse ait paru sujette à quelques difficultés. (Voyez sur cette matière, entre autres ouvrages , l'*Appendice au Traité d'Évans* , édition française.)

(82). Dans le rapport de 1821, ci-dessus cité , l'auteur, après avoir posé la base de calcul relative à la tension de la vapeur qui donne la *force motrice*, adopte , pour la vitesse des pistons des cylindres à vapeur, celle qui résulterait d'une vitesse angulaire de la manivelle du balancier , qui lui ferait faire vingt tours par minute, correspondant à quarante courses exécutées dans le même temps par chaque piston.

J'ai de très-fortes raisons pour ne pas admettre comme élément de détermination une aussi grande vitesse, quoiqu'elle ait eu lieu en ma présence plusieurs fois, lorsque la machine n'était employée qu'à élever de l'eau ; ce qui ne consomme qu'une partie de son énergie. Je ferai observer :

1°. Que les arbitres chargés en 1818 d'examiner la machine , ont dit , dans un avis portant la date du 28 novembre 1818 . « Le volant fait de » dix-sept à vingt tours par minute au plus ; » c'est-à-dire que chaque pompe peut donner » pareil nombre de coups dans le même temps : » nous pensons que les soupapes de ces pompes » se briseraient si on voulait accélérer au-delà

---

ment a publié un travail très-intéressant sur cette matière, qui ne nécessite aucune modification à mes résultats.

» de ce terme la marche de sa machine : au sur-
» plus, dans l'état actuel, la machine n'est pas
» susceptible d'un plus grand effort. »

L'état de la machine n'a pas changé depuis
l'époque de cet avis, par lequel on aperçoit déjà
que les experts regardaient la vitesse de vingt
tours de manivelle par minute comme trop forte.
Cet aperçu se change en certitude lorsqu'on voit,
dans un autre avis en date du 4 décembre 1818,
un calcul de l'eau élevée par les pompes, fait dans
l'hypothèse de dix-huit tours de manivelle par
minute, et on ne doit pas perdre de vue qu'il ne
s'agit ici que d'un effet *partiel* de la machine.

2°. Mes expériences prouvent que les experts
de 1818 avaient raison de regarder la vitesse de
vingt tours par minute comme trop considérable ; elles prouvent, de plus, que la réduction de
cette vitesse à dix-huit tours n'est pas suffisante :
en effet, on a vu ci-dessus, § 3, que lorsqu'on a
voulu chauffer et régler la machine de manière
à avoir vingt et vingt et un tours par minute, le
produit des pompes, au lieu d'augmenter, s'est
diminué, et que la vitesse la plus favorable au
travail était celle de seize à dix-sept tours, la
température de la vapeur étant sensiblement celle
que j'ai assignée précédemment.

3°. Tout ce qui précède est relatif à l'effet de
la machine lorsqu'elle est employée exclusivement à élever de l'eau ; mais la détermination
importante est celle de la vitesse qu'il convien-
drait de donner à la machine dans les circonstances où elle produirait tout l'effet dont elle est
capable : or, la série de mes expériences offre à
cet égard des faits très-dignes d'attention. On a
vu que lorsque après bien des difficultés je suis
parvenu à faire établir un appareil d'épreuve

pour obtenir un travail supplémentaire à celui des pompes, les agens de M. Edwards, qui, jusqu'alors, semblaient plutôt vouloir accélérer que ralentir le mouvement, avaient, dès le premier moment de la pose de mon appareil, suivi une marche toute contraire : de manière que, dans dans le cours de mes trois dernières séances, je n'ai eu, valeur moyenne, que quinze à seize tours par minute. Ma fonction de simple observateur m'imposait la loi de m'abstenir soigneusement d'exercer aucune influence sur la manière de régler le mouvement : en conséquence j'ai laissé agir avec la plus parfaite liberté les agens de M. Edwards, qui leur avait sûrement donné des instructions et des ordres.

4°. Enfin, une confirmation irrécusable de tout ce que je viens d'avancer se trouve dans les calculs manuscrits de M. Edwards que j'ai entre les mains, et où je vois l'évaluation de l'effet de sa machine constamment établi d'après une vitesse de seize tours de manivelle par minute.

(83). Je passe aux observations annoncées n°. (22) sur la réduction à faire aux résultats du calcul de la force de sa machine lorsqu'on se donne *à priori* les élémens de ce calcul. J'ai dit que la réduction d'un tiers, qu'on avait regardée comme exagérée, ne me paraissait pas telle : en effet, indépendamment des déchets qui ont lieu dans les cas ordinaires, et qui tiennent aux frottemens, à l'inertie des masses, aux mouvemens alternatifs, aux contractions et résistances diverses qu'éprouve le mouvement de l'eau dans les pompes, etc., il y a ici une cause de perte particulière, et dont l'influence n'est rien moins que négligeable. L'eau, après avoir franchi les corps de pompes, est introduite dans un tuyau vertical qui a plus de 5o mètres de longueur, et qui doit débiter environ 100 mètres cubes de fluide par heure : or, on sait que par cette seule circonstance le mouvement de l'eau éprouve des résistances, qui consomment, pour les surmonter, une quantité notable de force motrice, et qui dépendent de la vitesse du fluide, de la forme et des dimensions de la section transversale de la paroi sur laquelle il coule, soit dans un canal à ciel ouvert, soit dans un tuyau. Ces résistances sont telles qu'elles annullent l'action de la pesanteur, dans le cas où le mouvement du fluide étant descendant il a acquis la vitesse constante qu'on appelle *de régime;* elles doivent donc, si le mouvement est ascendant, exiger pour ce second cas un surcroît de force motrice équivalent à celle qu'elles détruiraient dans le premier, les autres circonstances étant supposées les mêmes. Les *Principes d'hydraulique* de Dubuat renferment d'excellentes recherches sur cette matière, que j'ai aussi traitée, avec beaucoup de soin, dans mes *Recherches physico-mathématiques sur les eaux courantes.*

Une autre cause du déchet tenant à l'élévation d'une grande masse d'eau dans un tuyau vertical est le défaut de constance de la vitesse ; les jeux des pompes sont heureusement combinés pour que cette vitesse ne soit jamais nulle, et même pour que ses diminutions périodiques soient comprises entre des limites rapprochées; mais les dépenses de force qu'entraînent ses variations, même légères, deviennent sensibles lorsqu'elles sont répétées à de très-petits intervalles de temps, et que la masse à mouvoir est considérable.

Le travail des pompes n'emploie qu'une partie

de la force de la machine garantie par le vendeur : on ignore à quel effet utile sera appliquée la partie qui reste disponible ; on ne peut, par conséquent, rien arbitrer de précis sur la perte de force à attribuer au jeu de la machine, qui agira concurremment avec les pompes. Cette incertitude tient principalement à la dépendance dans laquelle se trouvent, l'un par rapport à l'autre, deux systèmes qui reçoivent leur mouvement d'un même balancier, et aux dispositions à faire aux pièces de mécanisme à ajouter pour que chacun d'eux prenne la vitesse qui lui est convenable sans nuire à l'autre.

Lorsque les expertises de 1818 et 1819 ont eu lieu, le volant n'était pas placé comme il l'est maintenant ; son déplacement a nécessité une addition de pièces et un engrenage, et on a remarqué que ce commencement de complication influait déjà sur l'effet de la machine.

Enfin, les méthodes de calcul employées dans les précédentes expertises, et que j'emploierai aussi pour évaluer l'effet total de la machine, donnent un résultat qui péche par excès, erreur provenant et de l'application rigoureuse de la loi de Mariotte et de l'emploi exclusif des pressions exercées sur les pistons aux extrémités de leurs courses, sans combiner ces pressions extrêmes avec des pressions intermédiaires. [Voyez, sur cette dernière cause d'erreur, et sur la règle de calcul perfectionnée, dont j'ai parlé plus haut, la note du n°. (86).]

Par toutes ces considérations, il me paraît que la proportion d'un tiers de déchet de l'effet total pour en conclure l'*effet utile* n'est rien moins qu'exagérée, et qu'on s'approche plus de la vérité en portant ce déchet à un demi. Cette ré-

duction ne fait pas perdre aux nouvelles machines à feu leurs avantages sur celles qui ont
pour moteurs les animaux, l'eau ou l'air; celles-
ci sont encore réputées bonnes, même avec deux
tiers environ de déchet.

§ 7. *Détails descriptifs nécessaires pour les évaluations numériques.*

(84). Avant de faire à l'évaluation de l'effet
dont la machine est capable une application des
principes généraux, modifiée par les observations qui précèdent, il faut entrer dans quelques
détails sur les dimensions de cette machine, sur
le mode d'introduction, de distribution et d'action de la vapeur dans ses parties intérieures.
M. Mallet et moi avons pris des mesures très-
exactes à l'extérieur, et j'ai eu la facilité, quelque
temps après la fin de nos expériences, de mesurer les diamètres des pistons des cylindres à vapeur. On trouve, quant à ce qui concerne la distribution et l'action de la vapeur dans ces cylindres, tous les renseignemens nécessaires dans
le rapport de M. Girard; M. Edwards, qui a fait
imprimer ce rapport, a déclaré que sa machine
était *dans le même état de fonctionner* où elle se
trouvait à l'époque des expériences qui y sont
décrites; on doit donc regarder tout ce qui y est
dit sur la circulation intérieure de la vapeur
comme parfaitement exact. Mes mesures linéaires
et par conséquent de surfaces et de capacité (la
course du petit cylindre exceptée), ne diffèrent
que très-légèrement de celles qui sont consignées
dans les rapports de 1818 et 1819; ces dernières
sont en général traduites des mesures anglaises,
et les miennes sont immédiatement prises sur la

machine ; d'ailleurs les différences dont je parle sont tout-à-fait négligeables.

Le diamètre du grand cylindre est de $0^m,56276$, d'où on conclut, pour la section transversale du piston, $0^{mèt. car.},24874$. La course de ce piston est de $1^m,519$, et l'espace cylindrique parcouru, dans une course, égal à $0^{mèt. cub.},37783$.

Le diamètre du petit cylindre est de $0^m,3086$, d'où on conclut, pour la section horizontale du piston, $0^{mèt. car.},074797$. La course de ce piston est de $1^m,120$ (1), et l'espace cylindrique parcouru

(1) On a supposé, par mégarde, dans le rapport fait en 1821, que les courses du grand et du petit piston étaient égales entre elles et à la plus grande des deux. Pour bien faire concevoir que la course du petit piston est nécessairement moindre que celle du grand, sans entrer dans des détails trop minutieux, je me bornerai à dire que les parallélogrammes qui assurent la verticalité du mouvement des pistons, ont été combinés, quant à leurs dimensions et à leurs positions, de manière que, lorsque les pistons sont au plus haut de leurs courses, les articulations par lesquelles les sommets des tiges sont suspendus aux angles de leurs parallélogrammes respectifs se trouvent sur la même horizontale passant par l'axe fixe de rotation du balancier ; et une même droite, partant de cet axe fixe, passe par les articulations supérieures des parallélogrammes. Au moyen de cette disposition et du parallélisme constant entre les côtés des parallélogrammes qui se trouvent en regard, les sommets des tiges des pistons sont toujours dans une même ligne droite partant de l'axe fixe de rotation du balancier, et comme la tige du piston du petit cylindre est placée entre cet axe fixe et la tige du piston du grand cylindre, le sommet de la première tige doit nécessairement moins s'abaisser au-dessous de l'horizontale commune de départ que le sommet de la seconde ; les courses des pistons sont respectivement égales aux espaces parcourus par ces sommets : donc, etc.

Cet arrangement est heureusement combiné ; j'ai vérifié

dans une course égal à $0^{\text{mèt.cub.}},08377\dot{2}$: le rapport entre cette capacité et celle du grand cylindre a pour valeur $\frac{83772}{377830}$ ou $0,22172$.

Les deux cylindres sont placés, comme on sait, dans un espace commun, où leur paroi extérieure se trouve constamment en contact avec la vapeur, affluant immédiatement de la chaudière, et que l'on considère comme n'ayant pas changé de température ; la même supposition a lieu pour les masses de vapeur renfermées dans les cylindres, quel que soit leur degré de dilatation ; de manière que quand on connaît leur tension sous un volume donné, on en déduit, par la loi de Mariotte, la tension sous tout autre volume.

Les courses des deux pistons commencent et finissent ensemble et ont lieu dans le même sens, les longueurs simultanées parcourues ayant entre elles dés rapports qui dépendent des distances de chaque tige de piston à l'axe de rotation du balancier.

Le petit cylindre est le seul qui puisse recevoir la vapeur affluant immédiatement de la chaudière, et se répandant alternativement d'un côté et de l'autre du piston de ce cylindre dans ses courses successives.

Supposons, pour fixer les idées dans l'explication des effets intérieurs de la vapeur, que

---

les mesures prises sur la machine en les calculant par les formules de mon *Traité des Machines à feu*, art. 1478 et suivans, où j'ai donné l'équation de la courbe ovoïde, dont le sommet de la tige de chaque piston parcourt un arc qui, ayant un point d'inflexion sur sa longueur, se confond sensiblement avec une ligne droite. (*Voyez* la première Note à la suite du Rapport.)

chacun des pistons est, au sommet de son cylindre, prêt à commencer une course descendante. A ce moment, les communications sont établies, 1°. entre la vapeur de la chaudière et la surface supérieure du petit piston ; 2°. entre la vapeur dilatée dans le petit cylindre, au-dessous de son piston, et la surface supérieure du grand piston ; 5°. entre la partie du grand cylindre inférieure à son piston, et le condenseur.

La vapeur dilatée comprise entre le dessous du petit piston et le dessus du grand est celle que la chaudière avait fournie dans la course précédente ; et on voit que, quelles que soient les positions des pistons, il y a toujours deux pressions qui sont les mêmes, si on les rapporte à l'unité de surface ; savoir, la pression du petit piston dans le sens contraire à son mouvement, et la pression du grand piston dans le sens de son mouvement.

Pour déduire de cet état des chosss les pressions partielles et totales de chaque piston, il faut savoir que lorsque le petit piston est à moitié de sa course, soit ascendante, soit descendante, la communication du petit cylindre avec la chaudière est interceptée, et que les deux pistons achèvent leurs courses entre des vapeurs dilatées, telles, cependant, que la plus forte somme de pressions agit toujours dans le sens du mouvement actuel.

Ainsi, lorsque le petit piston commence sa course, que j'ai supposée descendante, la vapeur qui l'a poussé dans le sens du mouvement ascendant de sa course précédente a acquis le double du volume, et se trouve réduite à la moitié de la tension qu'elle avait dans la chaudière :

c'est avec cette tension sous-double qu'elle presse le dessous du petit cylindre et le dessus du grand.

A ce même moment, le dessus du petit cylindre éprouve la pression complète de la vapeur de la chaudière, et le dessous du grand cylindre n'est pressé que par la vapeur raréfiée qui remplit l'espace où la condensation s'est opérée, et exerce une pression qu'on évalue à $\frac{1}{10}$ d'atmosphère.

Les deux pistons étant arrivés au bas de leurs cylindres respectifs, chacun de ces cylindres est rempli d'une même quantité, en masse ou en *poids*, de vapeur, laquelle occupait, dans la chaudière, un volume égal à la demi-capacité du petit cylindre.

Ainsi, dans cette position inférieure, le dessous du petit piston et le dessus du grand sont pressés par une vapeur qui a passé de la densité qu'elle avait dans la chaudière à une densité moindre, et qui est, à la première, dans le rapport de la demi-capacité du petit cylindre à la capacité entière du grand. Le dessus du petit piston éprouve une pression sous-double de celle qui serait due à la tension de la vapeur dans la chaudière, et il n'existe encore au-dessous du grand que la pression de $\frac{1}{10}$ d'atmosphère, due à la vapeur raréfiée qui reste après la condensation.

Mais dans cette position du piston, la communication de la vapeur de la chaudière avec le dessous du petit piston et celle de l'espace supérieur au petit piston avec le dessous du grand piston se rétablissent; la condensation s'opère au-dessus du grand piston, et dès-lors commence une course ascendante, à laquelle on peut appliquer tout ce que je viens de dire de la course descendante, en inversant seulement les positions.

§ 8. *Évaluation numérique de l'effet total et de l'effet utile de la nouvelle machine.*

(85). Il est aisé, d'après les explications précédentes, d'arriver à des déterminations numériques. On a suivi, dans les rapports de 1818 et 1819, l'usage assez général d'employer dans le calcul la demi-somme des *pressions totales* d'un piston aux deux extrémités de sa course, en considérant le produit de cette demi-somme par la course totale, comme équivalent à la somme des produits des *pressions totales*, variables à chaque point de la course, par les élémens d'espaces parcourus auxquels elles correspondent; je me conformerai à cet usage, en proposant, néanmoins, des méthodes théoriquement plus rigoureuses. (Voyez la note du nᵒ. (86).)

Le terme de comparaison général pour l'évaluation des pressions, soit *partielles,* soit *totales,* des pistons des cylindres à vapeur, est la tension de la vapeur dans la chaudière, et comme on suppose qu'elle est tenue à la même température dans tous les états de dilatation où elle se trouve depuis sa sortie immédiate de la chaudière jusqu'à sa condensation, sa tension, dans l'un quelconque de ces états, s'évalue, ainsi que je l'ai dit précédemment, par la loi de Mariotte.

Voici le tableau des données et des détails du calcul : l'objet de cet écrit m'engage à présenter ce calcul sous une forme prolixe, dont on pourrait s'éviter l'ennui en arrivant immédiatement au résultat à l'aide d'une formule très-simple. (Voyez la note du nᵒ. suivant.)

	Petit cylindre.	Grand cylind.

Lorsque les deux pistons sont à l'origine d'une course et prêts à la commencer, la pression sur le piston du petit cylindre, dans le sens suivant lequel il va se mouvoir, est de . . . . | $3^{atm.}$,70 | . . . .

La pression dans le sens contraire, pour le petit cylindre, et dans le sens direct pour le grand cylindre est $\frac{3^{atm.},7}{2}$, ou . . . . | $1^{atm.}$,85 | $1^{atm.}$,85

La pression en sens contraire du mouvement naissant, est, dans le grand cylindre, de | . . . . | $0^{atm.}$,10

Pressions totales à l'origine de la course. | $1^{atm.}$,85000 | $1^{atm.}$,75000

Lorsque la course est achevée, la pression sur le piston du petit cylindre, dans le sens du mouvement qui vient de se terminer, est de $\frac{3^{atm.},7}{2}$, ou . . . . | $1^{atm.}$,85000 | . . . .

La pression, dans le sens contraire pour le petit cylindre, et dans le sens direct pour le grand cylindre, est égale au produit de $3^{atm.}$,7 par le rapport de la demi-petite capacité à la grande, ou au produit de $3^{atm.}$,7 par $\frac{1}{2} \times \frac{0,083772}{0,37783}$ égale à . . . . | $0^{atm.}$,41018 | $0^{atm.}$,41018

La pression en sens contraire du mouvement qui se termine, est, dans le grand cylindre, de . . . . | . . . . | $0^{atm.}$,10000

Pressions totales à l'extrémité de la course. | $1^{atm.}$,43982 | $0^{atm.}$,31018

Sommes des pressions à l'extrémité de la course. . . . . | $3^{atm.}$,28982 | $2^{atm.}$,06018

Moitié de ces sommes, ou *pressions totales moyennes.* . . . . | $1^{atm.}$,64491 | $1^{a m.}$,03009

Pour déduire de ces deux *pressions totales* moyennes, exprimées en atmosphères, les deux *pressions totales absolues* moyennes en kilog. rapportées aux aires des sections des pistons, il faut d'abord les multiplier chacune par 10395, nombre de kilog. mesurant la pression de l'atmosphère sur un mètre carré, et ensuite multiplier chacun des produits relatifs à un des cylindres par la section transversale de ce cylindre ci-dessus donnée, et on aura pour résultat. . . . . | $1278^{kil.}$,9 | $2663^{kil.}$,4

Enfin, pour avoir les quantités d'action rapportées au mètre pris pour unité de longueur, et à la seconde, prise pour unité de temps, il faut multiplier ces derniers nombres respectivement par les longueurs de courses des pistons des cylindres auxquels ils appartiennent, et diviser chaque produit par la durée d'une course, qui, à raison de 32 courses par minute, est égale à $1''\frac{7}{8}$, et on a pour produits. . . . . | $763^{kil.}$,95 | $2157^{kil.}$,80

Nombre de kilogr., qui, élevés à un mètre de hauteur pendant $1''$ de temps, représentent la *quantité totale d'action*. . . . . | | $2921^{kil.}$,75

(86). Cette élévation de 2921 $\frac{3}{4}$ kilogrammes (1) à un mètre de hauteur dans une seconde

---

(1) Je vais donner, en faveur de ceux qui voudraient vérifier ce résultat de calcul, une formule par laquelle on l'obtient immédiatement avec promptitude et facilité.

Soient h et H respectivement les longueurs de course des pistons du petit et du grand cylindre, b et B les sections horizontales respectives de ces deux pistons; T la durée d'une course; A le poids équivalent à la pression de l'atmosphère sur l'unité de surface; N le nombre d'atmosphères mesurant la tension de la vapeur dans la chaudière; n une fraction indiquant la portion d'atmosphère qui mesure la tension de la vapeur raréfiée dans l'espace où la condensation a eu lieu.

Qu'on fasse, pour abréger, $HB = C$; $\dfrac{h\,b}{C} = K$,

P et R étant respectivement les *pressions totales absolues* (ou rapportées à l'aire de la section) du piston du grand cylindre à l'origine et à la fin de sa course, p et r les quantités correspondantes pour le piston du petit cylindre, et E l'effet mécanique qu'on veut calculer, la méthode de calcul, adoptée sans le texte, donne

$$E = \frac{(P + R)\,H + (p + r)\,h}{2\,T.} \cdot \ldots \ldots (1),$$

ou, en substituant les valeurs de P, R, p et r,

$$E = \frac{NAC}{T}\left\{ K\left(\frac{3 - K}{4} \right) - \frac{n}{N} + \frac{1}{4} \right\} \ldots (2).$$

Faisant dans cette dernière formule $A = 10395$ kilogrammes; $C = 0^{m.cub.},37783$; $N = 3,7$; $n = 0,1$; $T = 1'' \frac{7}{8}$; $K = 0,22173$, on trouvera $E = 2921,75$, comme dans le texte.

J'ai dit n°. (83) que cette règle de calcul donnait un résultat trop fort; ce qui tient à la loi de variation des pressions totales entre l'origine et l'extrémité de la course du piston. On voit, en effet, que le petit piston éprouve,

5

de temps, mesure ainsi l'effet *total* de la nouvelle machine d'une manière *absolue* et indépendante de toute convention sur l'*unité dynamique*. Je dis l'effet *total*, qu'il faut distinguer de
l'effet *utile*, ce dernier n'étant, d'après les explications données n°. (83), que la moitié du premier
(on a vu, au n°. cité, pourquoi j'ai substitué
cette proportion à celle des deux tiers adoptée
dans les précédentes expertises) : ainsi, cet *effet
utile* doit être représenté par l'élévation d'un
poids de 1460^k,875, élevés à un mètre de hauteur
pendant une seconde de temps.

(87). Il faudrait maintenant, pour remplir les
intentions de la Cour royale, rapporter l'effet
mécanique dont je viens de donner l'évaluation
absolue à une unité dynamique, ou, pour se
conformer au langage ordinaire, dire à quel
nombre de *chevaux* correspond l'élévation d'un

---

pendant la première moitié de sa course, une pression
constante sur une de ses faces, due à la tension entière de
la vapeur dans la chaudière, et que, pendant la seconde
moitié, cette pression va toujours en diminuant; sa valeur,
au point milieu, n'est donc pas *moyenne arithmétique*
entre ses valeurs aux points extrêmes, ce qui serait une
des conditions indispensables pour rendre exactes les formules (1) et (2), conditions qui sont aussi violées dans le
grand cylindre.

Je crois convenable de donner ici une autre règle de
calcul, d'un usage à-peu-près aussi facile que celui de la
formule (2), mais qui ne laisse rien à désirer quant à
l'exactitude dont on a besoin dans la pratique; elle est
déduite d'une méthode, exposée article 224 de la première
partie de mon *Architecture hydraulique*, et applicable au
calcul par approximation des *intégrales définies*.

Soient Q et *q* respectivement les pressions totales
absolues (ou rapportées aux aires des sections) qui ont
lieu aux points milieux des courses des pistons du grand et

poids de 2921 $\frac{3}{4}$ kilogrammes à un mètre de hauteur pendant une seconde de temps ; mais il est manifeste, par les explications très-détaillées que j'ai données dans le § 2 du présent rapport, qu'on n'a pour cette détermination aucune base, aucun type de mesure, soit légalement fixé, soit consacré par l'usage général, soit enfin convenu entre les parties contractantes ; et on a même vu, dans le § cité, que les pièces et documens servant à l'instruction du procès offrent le type de mesure, appelé *cheval*, employé tantôt avec une valeur, tantôt avec une autre.

Dans cet état de choses, j'ai pris le parti de

du petit cylindre, toute la notation précédente étant d'ailleurs conservée, on aura, par la méthode citée,

$$E = \frac{1}{6} \cdot \frac{(P+4Q+R)H + (p+4q+r)h}{T} \quad \dots \text{(3)},$$

et, en substituant pour P, Q, R, p, q, r, leurs valeurs,

$$E = \frac{NAC}{T} \left\{ \frac{K}{6} \left(\frac{19+3K}{2(1+K)} - \frac{K}{2} \right) - \frac{n}{N} + \frac{1}{12} \right\} \quad \dots \text{(4)}.$$

Attribuant aux quantités littérales leurs valeurs numériques ci-dessus données, on a E = 2709,66 : ainsi, la formule (2) donne un résultat, dont l'erreur, par excès, est de 212,09. On voit, en effet, que les valeurs déduites des formules (2) et (4) ou (1) et (3) ne peuvent être identiques que dans le cas où on aurait... $Q = \frac{P+R}{2}$, et $q = \frac{p+r}{2}$, cas de la moyenne arithmétique dont j'ai parlé ci-dessus : or, dans l'état réel des choses, Q est plus petit que $\frac{P+R}{2}$ et p plus grand que $\frac{p+r}{2}$, et ces inégalités, quoique de signes contraires, ne se compensent pas.

5.

calculer le nombre des unités dynamiques ou *chevaux*, mesurant tant l'*effet total* que l'*effet utile* de la nouvelle machine, dans les six hypothèses, sur la valeur de l'unité dynamique ou *cheval*, qui sont le plus accréditées en France et en Angleterre : le tableau suivant offre le résultat de mes calculs.

DÉSIGNATIONS des unités dynamiques.	Unités dynamiques définies par des poids énoncés.		Applications des diverses unités définies ci à côté, à l'expression de l'effet mécanique de la nouvelle machine.	
	En livres, avoir du poids, et élevées à 1 pied anglais de hauteur pendant 1' de temps.	En kilog., et élevées à 1 mètre de hauteur pendant une seconde de temps.	effet total.	eff. utile.
1. Unité dynamique française employée dans le rapport du 6 avril 1819..	Livr. avoir du poids. 34742	kilogram. 80,000	36,522	18,261
2. Unité dynamique anglaise, dite *routinière*, adoptée par M. Edwards dans ses relations avec la Société d'encouragement, dont il a fait imprimer l'avis. (Voyez le *Bulletin* de cette Société du mois de juin 1818.)..........	33000	75,990	38,450	19,225
3. Unité dynamique de Watt et Boulton, employée dans le rapport du 4 décembre 1818........	32000	73,687	39,651	19,825
4. Unité dynamique employée par M. Edwards dans les renseignemens et calculs manuscrits qu'il a fournis au rapporteur..	28000	64,476	45,315	22,657
5. Unité dynamique de Desaguillier............	27500	63,325	46,139	23,069
6. Unité dynamique de Smeaton..............	22916	52,769	55,869	27,684

(88). Ainsi, suivant qu'on voudra adopter l'une

ou l'autre des unités dynamiques précédemment définies, entre lesquelles je ne vois aucun motif péremptoire de préférence, on pourra énoncer l'*effet utile* de la nouvelle machine par des nombres de chevaux différens, depuis $18 \frac{26}{100}$ jusqu'à $27 \frac{68}{100}$. On remarquera que la quantité d'action rapportée à une seconde de temps, et fournie par un cheval attelé au manége, et travaillant huit heures par jour sans être surmené, approche beaucoup plus de l'unité dynamique de Smeaton, qui donne les $27 \frac{68}{100}$ chevaux que de l'unité dynamique française, qui donne les $18 \frac{26}{100}$ chevaux ; les rapports entre ces trois quantités sont exprimés par les nombres suivans.

Quantité d'action rapportée à une seconde de temps, ou égale à $\frac{1}{28800}$ de la quantité d'action totale *journalière* fournie par le cheval attelé au manége et travaillant huit heures sur vingt-quatre. . . . . $40 \frac{50}{100}$.

Unité dynamique de Smeaton. . . $55 \frac{37}{100}$.

Unité dynamique française. . . . . 80 »

§ 9. *Vérification des calculs consignés dans le paragraphe précédent au moyen des expériences faites avec l'appareil d'épreuve.*

(89). On a vu précédemment, § 3 et n°. (50), que lorsque je suis parvenu, non sans difficulté, à établir un appareil d'épreuve propre à mesurer la partie de la puissance de la nouvelle machine qui pouvait être disponible en sus de celle qui était nécessaire pour donner le mouvement aux pompes à eau, j'ai vu avec surprise que les agens de M. Edwards, auparavant si disposés à pousser le feu et à donner de l'activité à la machine, modéraient au contraire l'un et l'autre ;

de manière que la force motrice moyenne observée pendant les expériences de l'appareil d'é-
preuve se trouvait moindre qu'elle ne l'avait été
dans le cours de toutes les expériences précédentes.

Présumant bien que le ralentissement d'activité avait lieu d'après les instructions et les ordres de M. Edwards, et m'étant imposé la loi de
n'influer en rien sur la manière dont on condui-
sait la machine, je me suis borné à faire note de
ce que je voyais, sans donner d'avis, et sur-tout
sans rien prescrire aux personnes chargées de
chauffer et de régler : d'ailleurs, je devais redou-
ter soit l'excès de condescendance, soit l'amour-
propre des ouvriers, dont l'imprudence n'est que
trop connue, qui auraient pu prendre de simples
remarques pour des reproches, ou se prévaloir
de ces remarques en les faisant passer pour des
ordres. Je vais donc examiner comment, en partant des faits consignés au § 5, n°. (45) et suivans, on peut vérifier le calcul *à priori* de la
puissance entière, donné aux n°s. (85) et (86),
par l'observation d'un travail qui emploie seulement une partie de cette puissance.

(90). J'ai dit précédemment, et en cela je suis
d'accord soit avec les experts qui m'ont précédé,
soit avec tous les mécaniciens éclairés, que si la
machine à vapeur est exclusivement employée à
mouvoir les pompes à eau, son produit a des limites indépendantes de celles de sa puissance
effective; on a vu, dans le détail de mes expériences, qu'en poussant le feu à un certain degré,
on diminuait ce produit au lieu de l'augmenter.
Cet excédant de force fatigue la machine, agit
en pure perte sur ses parties inertes, augmente
les déchets provenant soit des mouvemens alter-

natifs, soit des mouvemens qui, sans être alternatifs, varient en intensités, etc.

Les phénomènes de répartition de force offrent
d'autres combinaisons lorsqu'on a le moyen d'a-
dapter à la machine un appareil d'épreuve disposé pour obtenir un travail supplémentaire
remplaçant celui qui aurait pour objet des opérations manufacturières, et susceptible d'être
augmenté ou diminué à volonté, condition qu'on
ne peut pas remplir, du moins quant à l'augmentation, avec un système donné de pompes à
eau. Dans ce cas, si le travail supplémentaire
imposé n'excède pas les limites convenables., la
force disponible se distribue à l'appareil d'é-
preuve et aux pompes à eau, suivant certaines
proportions, qui dépendent, ainsi que les quantités absolues d'effet, de la charge de l'appareil
d'épreuve et de la tension de la vapeur. On obtient ainsi une somme de travail supérieure au
maximum du produit des pompes, même avec
une tension, qui ne donnerait point ce maximum
si les pompes jouaient seules; de plus, on est
sûr d'avoir, pour un état donné de la vapeur tirée
de la machine, l'équivalent de tout l'effet utile
dont elle est capable, lorsqu'en faisant varier la
charge de l'appareil d'épreuve, la quantité d'action qu'on lui fait perdre se reporte sur les pompes, et réciproquement. Cette constance de
somme d'effets serait nécessairement dérangée
s'il restait encore de la force disponible qui ne
fût point absorbée par le mouvement de la machine.

J'aurais désiré voir la tension de la vapeur
poussée jusqu'à quatre atmosphères environ, et
j'ai exposé plus haut les considérations décisives

qui m'ont déterminé à laisser agir les chauffeurs de M. Edwards avec une entière liberté ; cependant, comme la température moyenne de 108 degrés de Réaumur correspond à une tension de trois atmosphères $\frac{2}{10}$, les résultats de mes observations s'approchent assez de ceux que m'aurait donnés la température de 112 degrés, pour me fournir une vérification expérimentale du calcul à priori de l'effet total applicable à cette dernière température, calcul dont on trouve les détails dans les n°s. (85) et (86).

(91). Voici le tableau des quantités observées, au moyen desquelles on peut faire la vérification dont je viens de parler ; elles sont tirées du §.3, n°s. (46) et suivans.

DATES des expériences.	POIDS suspendus à l'appareil d'épreuve.		POIDS dont l'élévation à 1 mètre de hauteur pendant une seconde de temps représente l'effet utile fourni.		
	Valeur.	Distance du centre de gravité à l'axe de rotation.	par l'appareil d'épreuve.	par les pompes.	par l'appareil d'épreuve et par les pompes. Somme des deux effets ci à côté.
1	2	3	4	5	6
1821.	kilog.				
3 août....	60	1,910	192,00	881,76	1073,76
27 juillet...	70	2,214	243,44	824,88	1068,32
3 août....	80	1,910	240,00	828,16	1068,16

Nota. On obtient les nombres portés dans la 4e., 5e. et 6e. colonne, en multipliant par 80 les nombres correspondans d'unités dynamiques françaises prises dans les n°s. 46 et suivans.

On remarquera d'abord dans ce tableau le peu
de différence qui existe entre les sommes des
effets consignés dans la 6ᵉ. colonne ; la petitesse
de cette différence , qui prouve l'exactitude des
observations , est telle qu'on peut la compter
pour rien : l'égalité des sommes d'effets était une
conséquence nécessaire : 1°. de la constance de
la force motrice ou de la tension de la vapeur,
qui a été sensiblement la même pendant le cours
des expériences des 27 juillet et 3 août ; 2°. de la
mise à profit *complète* de la partie de cette
force motrice , qui n'était pas absorbée par le
mouvement propre de la machine et les résistances diverses.

Examinons quelques circonstances particulières du travail de la machine : deux charges
différentes de l'appareil d'épreuve, l'une de 70
kilogrammes , l'autre de 80 kilogrammes , ont
donné les résultats partiels de même espèce
presque identiques : ce fait a son explication
immédiate dans la presque égalité entre les produits des poids par les distances des centres de
gravité à l'axe de rotation : on a, en effet ,

$$70 \times 2{,}214 = 155, \text{ et } 80 \times 1{,}91 = 153 ;$$

et ce sont ces produits qui déterminent la valeur
absolue de l'effet obtenu par l'appareil d'épreuve.
(Voyez la deuxième note imprimée à la suite du
présent rapport.)

Cette identité de produit n'a pas lieu entre
l'épreuve faite sous la charge de 60 kilogrammes
et chacune des deux autres ; cependant la somme
de 1074 kilogrammes, correspondante à cette
charge de 60 kilogrammes consignée dans la 6ᵉ.
colonne du tableau , ne diffère que de 5 à 6 ki-

logrammes des sommes cotées 1068 kilogrammes sur la même colonne, différence négligeable dans des déterminations de cette espèce.
On voit que la quantité d'action laissée libre par
la diminution du poids d'épreuve s'est reportée
sur les pompes, de manière à opérer la compen-
sation. Cette répartition, presque exacte, est la
conséquence et la preuve de la mise à profit
complète de la partie disponible de la force motrice dont j'ai parlé plus haut.

(92). Ainsi voilà une somme d'effets mécaniques dont une partie a été évaluée d'avance
par un calcul très-rigoureux (Voyez la 2e. note
ci-dessus citée), et dont l'autre est donnée par la
seule observation, somme qui fournit un moyen
direct et commode de vérifier la méthode de
calcul employée, nos. (85) et (86), pour déterminer
l'*effet total* et l'*effet utile* de la machine. Il sera
bon, au lieu de suivre la marche prolixe du
n°. (85), de se servir de la formule (2) de la note
du n°. (86), qui conduit au même résultat d'une
manière bien plus expéditive.

On a dans cette formule $A = 10395$ kilogr. ;
$C = 0^{m.c.},37783$; $K = 0,22173$; $n = 0,1$, quantités communes aux cas des nos. cités et à celui
dont il s'agit ici. Mais, dans ce dernier cas, il
faut faire $N = 3,2$, vu que la température de la
vapeur ne s'est élevée qu'à 108 degrés de Réaumur ; quant à T, si on veut en avoir une valeur
qui convienne à un résultat moyen embrassant
les trois expériences, il faut que cette valeur
soit entre $\frac{60}{30}$ et $\frac{60}{32}$, et il est convenable que chaque
expérience influe sur cette valeur en raison de
l'effet produit pendant sa durée, à laquelle durée l'effet peut être regardé comme proportion-

tionnel : on aura, d'après cette règle, le nombre moyen, pour une minute de temps, des tours de manivelle du volant en calculant la fraction

$$\frac{16 \times 1^h,433 + 15 \times 2^h,700 + 15 \times 3^h,536}{1,433 + 2,700 + 3,536} = \dots$$

$$\dots \frac{116,468}{7,669} = 15,187.$$

Le double de ce nombre moyen de tours est le nombre moyen de courses des pistons des cylindres à vapeur pendant une minute, et la durée d'une de ces courses, ou

$$T = \frac{\frac{1}{2} \cdot 60''}{15,187} = 1'',9754.$$

Substituant toutes ces valeurs dans la formule citée, on trouve, pour l'*effet total*, $E = 2371^k,7$, et, pour l'*effet utile*, considéré comme moitié de de l'effet total . . . . 1185 kil.

Le nombre moyen, représentant l'effet utile dans les trois expériences du tableau du n°. 91, est. 1070

Différence. . . . . . 115 kil.

Ainsi, le calcul fait *à priori* excède d'une quantité comprise entre le $\frac{1}{11}$ et le $\frac{1}{10}$ de sa valeur le résultat expérimental ; l'excès serait plus considérable si on ne calculait que d'après les données fournies par l'épreuve faite sous une charge de 60 kilogrammes : il paraît donc que la méthode d'évaluation employée dans les n°ˢ. (85) et (86) exagère le produit effectif plutôt qu'elle ne l'atténue. On pourrait attribuer à l'application rigoureuse de la loi de Mariotte une partie de l'anomalie; mais ce n'est pas ici le lieu de traiter cette question délicate, qui tient à la théorie physico-mathématique de la chaleur.

§ 10. *Comparaison des quantités de combustible consommées par la nouvelle et l'ancienne machine : ces quantités étant rapportées à l'élévation d'une même quantité d'eau au haut de la tour.*

(95). On a vu dans les § 3 et 4 les détails de tous les soins que j'ai pris pour éviter la plus légère erreur dans la partie importante de mon examen relative à l'économie du combustible qu'on peut obtenir par la substitution de la nouvelle machine à l'ancienne. J'ai dit qu'ayant pris des renseignemens sur la dépense habituelle de combustible de l'une et l'autre machine quand elles faisaient le service des eaux de Paris, j'ai trouvé ces renseignemens assez bien d'accord avec les résultats de mes propres comparaisons : ce sont ces derniers résultats, sur lesquels je ne puis pas avoir la plus légère incertitude, que je vais rapporter ici avec les données d'observations desquelles ils sont déduits.

	DATES des expériences.	Nos. du rapport où les nombres sont consignés.	Volumes d'eau élevés au haut de la tour.	Poids du charbon brûlé pour opérer l'élévation.	
				du volum. d'eau ci à côté.	d'un mètre cube d'eau.
	1821.		mèt. cub.	kilog.	gram.
Nouvelle machine.	6 juillet.	3o	1060	734	692,46
	27 juillet.	49	3oo	227	756,67
	3 août.	56	36o	276	766,67
			1720	1237	719,19
	1822.				
Ancienne machine.	25 janv.	6o	68o	555	816,17
	3o janv.	73	93o	$769\frac{7}{10}$	827,11
			1610	$1324\frac{7}{10}$	822,79

Nota. Les nombres 719,19 et 822,79 sont respectivement égaux à $\frac{1237}{1720} \times 1000$ et $\frac{13247}{16100} \times 1000$.

(94). Ainsi, en comparant des volumes d'eau élevés, dont j'ai moi-même pris les jauges, avec le charbon consommé pour opérer cette élévation, que j'ai pesé avec le plus grand soin, et qui a été brûlé sous mes yeux, on a, pour la nouvelle machine, un produit de 1720 mètres cubes d'eau obtenu avec une dépense de 1237 kilogrammes de charbon, ce qui donne $719\frac{1}{5}$ grammes par mètre cube; et, pour l'ancienne machine, un produit de 1610 mètres cubes d'eau obtenu avec une dépense de $1324\frac{7}{10}$ kilogrammes de charbon; ce qui donne 822 $\frac{8}{10}$ grammes par mètre cube.

Le rapport des deux dépenses est à-peu-près celui de 7 à 8 , et si on veut énoncer l'économie obtenue par la nouvelle machine en termes familiers aux manufacturiers, on dira qu'en supposant 100 kilogrammes de charbon brûlés pour élever par l'ancienne machine une certaine quantité d'eau , la nouvelle machine ne dépensera que 87 $\frac{4}{10}$ kilogrammes du même charbon pour élever la même quantité d'eau : l'économie est de 12 $\frac{6}{10}$ pour 100.

(95). La séance du 6 juillet, qui a duré un jour et une nuit, donne un résultat un peu plus favorable, qu'il faut attribuer, si non totalement, du moins en grande partie, à la longue continuité du maintien à une haute température de la chaudière et des cylindres, circonstances dont les avantages sont bien appréciés par les mécaniciens et les physiciens.

CONCLUSIONS.

Art. Ier.

Il résulte des faits, des raisonnemens et des calculs consignés dans les § 3, 4, 5, 6, 7, 8 et 9 du précédent rapport, que la *puissance mécanique* de la nouvelle machine à vapeur du Gros-Caillou, considérée quant à l'*effet utile* qu'on peut en obtenir, est mesurée par l'élévation d'un poids de 1461 kilogrammes à un mètre de hauteur pendant une seconde de temps. (Il s'agit ici de la seconde sexagésimale, égale à $\frac{1}{86400}$ du jour moyen.)

Art. II.

Cette expression de la valeur de l'*effet utile* que j'ai été chargé de mesurer, n'est sujette à aucune équivoque, les mots *kilogramme*, *mètre*,

seconde de temps, ayant des acceptions précises
et généralement reçues; elle est indépendante de
toute convention relative à un type particulier
de mesure dynamique des forces, et énonce avec
autant de clarté que d'exactitude ce qu'on veut
savoir. Il n'en sera pas de même, à beaucoup
près, si on veut rapporter la même valeur à cette
espèce d'unité dynamique qu'on appelle *cheval*,
et sur laquelle j'ai donné des détails circonstan-
ciés dans le § 2 du précédent rapport. Il résulte
du contenu de ce paragraphe qu'il n'y a sur
l'unité dynamique appelée *cheval* ni fixation légale, ni convention générale, et que si des parties contractantes veulent l'employer, elles doivent d'abord la définir dans l'acte renfermant les
conditions de leur marché : or, non-seulement
MM. Edwards et Lecour n'ont pas pris une précaution si nécessaire, mais le type de force (*cheval*) se trouve, dans les pièces d'expertise impri-
mées à l'occasion de leur procès, employé tantôt
avec une valeur, tantôt avec une autre ; enfin,
M. Edwards lui-même n'a pas eu sur ce type des
déterminations fixes, à en juger par ses relations
avec la Société d'Encouragement (il a fait imprimer séparément les bulletins de cette Société
où se trouvent les jugemens qu'elle a portés de
ses inventions) et par des notes manuscrites de
lui, qui m'ont été communiquées comme renseignemens. (Voyez les nos. (18) et (19) du rapport
précédent.)

Me trouvant ainsi dans l'impossibilité absolue
de motiver auprès de la Cour royale un choix à
faire entre les diverses unités dynamiques, dont
chacune est désignée par le nom de *cheval* (*horse
power*), j'ai jugé convenable de donner dans un
tableau les expressions numériques de la puis-

sance de la nouvelle machine, en prenant successivement pour terme de comparaison les six
principales de ces unités; les nombres de *che-*
vaux ainsi calculés sont d'autant plus petits que
les unités sont plus grandes, et réciproquement,
et ces nombres sont compris entre $18\frac{26}{100}$ et $27\frac{68}{100}$.
Il m'est, je le répète, impossible de motiver l'a-
doption, soit d'un de ces nombres-limites, soit
d'un nombre intermédiaire; j'ai prévenu, à la fin
du n⁰. (23) de mon rapport, que, pour fixer les
idées et faciliter par la petitesse des nombres les
comparaisons entre des résultats de calcul, j'em-
ploierais l'unité dynamique que j'appelle *fran-*
çaise; mais j'ai eu soin d'ajouter qu'il ne fallait
voir dans cet emploi aucun motif de préférence;
tout autre type de même espèce aurait également
rempli mon objet.

ART. III.

Il résulte des faits rapportés fort en détail dans
les § 2 et 3 du précédent rapport, faits observés
avec les soins les plus scrupuleux, et qui ont
fourni les élémens des calculs dont les résultats
sont consignés dans le § 10, que pour élever une
même quantité d'eau au haut de la tour du Gros-
Caillou, les poids de la même espèce de charbon respectivement consommés par l'ancienne
et la nouvelle machine sont entre eux dans le
rapport de 8228 à 7192, rapport qu'on rend plus
facile à saisir en disant que pour produire un
même *effet utile* on obtient par la nouvelle machine une économie d'environ 13 pour 100 sur
le combustible brûlé par l'ancienne.

ART. IV.

Les éloges donnés, dans les actes des anciennes expertises, à la belle exécution de la machine de M. Edwards, me paraissent très-justement mérités ; mais les massifs de maçonnerie dont son établissement a nécessité la construction ont besoin d'être réparés et consolidés.

Paris, le 10 mars 1823. *Signé* DE PRONY.

PREMIÈRE NOTE

Sur le parallélogramme du balancier de la machine à feu.

J'ai donné, avec beaucoup de détails, dans mon *Traité des machines à feu* (*Architecture hydraulique*, 2ᵉ. *partie*. Paris, 1790) l'histoire, la description et les propriétés de cette invention ingénieuse, au moyen de laquelle on peut, par une combinaison de mouvemens circulaires, produire un mouvement sensiblement rectiligne. Je pense qu'il sera agréable à plusieurs lecteurs de trouver ici cette matière considérée plus généralement qu'elle ne l'a été dans le rapport précédent.

Le sommet de la tige du piston du cylindre à vapeur, suspendu à l'un des angles du parallélogramme du balancier, décrit, dans sa course (Pl. 2, *fig.* A), un arc *st* d'une courbe ovoïde *rstuvr* (art. 1483 et 1492 du Traité ci-dessus cité), et cet arc, sur lequel se trouve un point d'inflexion à-peu-près au milieu de sa longueur, diffère très-peu, si les proportions de l'appareil

6

sont convenablement réglées, de la droite menée entre ses extrémités *s* et *t*. Je vais établir des formules au moyen desquelles on pourra déterminer les relations entre les positions diverses du sommet de la tige du piston et les mouvemens que prennent les autres parties du système lorsque l'angle que forme l'axe du balancier avec la verticale, ou l'horizontale, varie. Je considérerai aussi les relations entre les dimensions des pièces de la machine, dont on peut assujettir la construction à certaines conditions.

Ces formules, préférables, pour la commodité du calcul, à celles que j'ai publiées, en 1790, dans mon *Traité des machines à feu*, seront appliquées à la machine décrite dans mon rapport.

A et K (Pl. 2 , *fig.* B) sont les deux centres de rotation fixe du système; BDHG, BCFE le grand et le petit parallélogramme; AD et GK les droites qui tournent respectivement autour des centres fixes A et K, dans le plan vertical qui contient les parallélogrammes; H et F les points de suspensions articulées des tiges des pistons.

Je trace les horizontales CX, BX', AM, *m*H, VK, et les verticales AV, C*c*, F*f*, D*d*, QH, MK; ces lignes de constructions faciliteront la vérification des formules à ceux qui seront curieux de se rendre compte de leur exactitude.

Soient :

$AB = \rho$; $GK = r$; $AM = h$; $AV = K$,
$BG = a$; $BD = b$; $BE = a'$; $BC = b'$,
$AQ = x$; $QH = y$; $Aq = x'$ $qF = y'$.
Angle $DAM = \alpha$.

On calculera les valeurs

$$(1)\ldots\ \text{tang. } \mathfrak{C} = \frac{K + \rho \sin. \alpha}{h - \rho \cos. \alpha};$$

$$c = \frac{K + \rho \sin. \alpha}{\sin. \mathfrak{C}} = \frac{h - \rho \cos. \alpha}{\cos. \mathfrak{C}}.$$

$$(2)\ldots\ 2R = a + c + r;\ \sin. \left(\tfrac{1}{2}\gamma\right) = \left(\frac{(R-a)(R-c)}{ac}\right)^{\frac{1}{2}};$$

$$\delta = \mathfrak{C} + \gamma,$$

et on aura les coordonnées horizontales et verticales des sommets H et F des tiges des pistons du grand et du petit cylindre, rapportées à l'origine fixe A par les formules

$$(3)\ldots\begin{cases} x = a\cos.\delta + (b+\rho)\cos.\alpha;\ y = a\sin.\delta - (b+\rho)\sin.\alpha \\ x' = a'\cos\delta + (b'+\rho)\cos.\alpha;\ y' = a'\,\text{si.}\,\delta - (b'+\rho)\,\text{si.}\,\alpha. \end{cases}$$

Ces valeurs générales sont indépendantes de toutes relations particulières entre les longueurs des côtés des grand et petit parallélogrammes, elles ne supposent que les parallélismes de a et a', de b et b'; mais on peut y introduire une condition très-avantageuse pour les applications pratiques, et qui abrége le calcul de x' et y'. Cette condition consiste à rendre égaux les rapports $\frac{a}{a'}$, $\frac{b}{b'}$, au moyen de quoi, dans toutes les positions des parallélogrammes, le centre fixe A et les points de suspensions mobiles F et H se trouveront toujours dans une même droite : alors faisant....

$$\frac{\rho + b'}{\rho + b} = \mu,$$

on aura (4)... $x' = \mu x;\ y' = \mu y.$

Ces formules s'appliquent immédiatement au

6.

calcul des mouvemens des sommets des tiges des pistons dans un système donné; mais on peut s'en servir utilement pour les déterminations relatives à un projet de machine qui doit satisfaire à certaines conditions. Il est convenable d'abord de considérer comme conditions communes à tous les projets: 1°. l'horizontalité de la ligne passant par le centre fixe A de rotation et par le sommet H de la tige du piston le plus éloigné de A, dans sa position initiale supérieure; 2°. l'égalité de rapport sur laquelle les équations (4) ci–dessus sont établies, et d'où il résulte que les points A, F et H sont toujours en ligne droite; 3°. l'égalité des angles formés par l'horizontale AM et par l'axe AD du demi-balancier, dans les positions extrêmes, supérieure et inférieure, de ce demi-balancier.

Ces préliminaires posés, on considérera le système dans trois positions déterminées du balancier; savoir, dans ses positions extrêmes, supérieure et inférieure, et dans sa position moyenne, celle qui rend son axe horizontal. Désignant par $2A$ l'angle total que décrit cet axe entre les positions extrêmes, les équations (1), (2), (3) et (4) fournissent trois groupes correspondant à $\alpha = A$, $\alpha = 0$ et $\alpha = -A$, et procurent les moyens d'établir des relations entre les parties du système, d'après les conditions exigées: ainsi, il faudra que la corde verticale de l'angle $2A$, décrit du rayon AD, soit d'une longueur donnée égale à la course du piston; il faudra sur–tout que les valeurs de x, tirées des trois groupes, soient ou égales ou à très-peu près égales entre elles; que les valeurs correspondantes de y soient, la première nulle et la deuxième à très-peu-près moitié de la troisième, qui mesure la course totale, etc. On verra bientôt que la machine d'Edwards remplit ces conditions d'une manière très-satisfaisante.

· Je me borne, dans la présente note, à ces indications générales ; j'ajouterai seulement aux formules (1), (2) et (3) les suivantes, qui sont particulièrement applicables au cas de la position initiale supérieure du balancier. Je fais (*fig.* n°. 1)

Angle initial DAM $=$ A ; AD $= b+_p = m$; AH $= n$.

Verticale D$d = q$; A$d = p$; dH $= p'$,

et on a les relations

$$(5)\ldots\begin{cases} p = m\cos.\mathrm{A}; p' = (a^2-q^2)^{\frac{1}{2}} = (a^2-m^2\sin.^2\mathrm{A})^{\frac{1}{2}} \\ q = m\sin.\mathrm{A}; m^2+n^2-2mn\cos.\mathrm{A} - a^2 = 0. \end{cases}$$

Dans le cas où l'on aurait à déterminer A par m, n et a, on pourrait employer les formules

$$(6)\ldots\begin{cases} 2\mathrm{Q} = a+m+n \\ \mathrm{Sin.}\,(\tfrac{1}{2}\mathrm{A}) = \left[\dfrac{(\mathrm{Q}-m)\,(\mathrm{Q}-n)}{mn}\right]^{\frac{1}{2}}; \\ \cos.(\tfrac{1}{2}\mathrm{A}) = \left[\dfrac{\mathrm{Q}\,(\mathrm{Q}-a)}{mn}\right]^{\frac{1}{2}}. \end{cases}$$

Les relations dépendantes des dimensions et de la position initiale du parallélogramme BDHG, doivent être compatibles avec la longueur et la position initiale du rayon GK $= r$, qui, tournant autour du centre fixe K, est, par son autre extrémité, attaché à articulation à l'angle G du parallélogramme : voici des formules qui lient aux valeurs précédentes celles qui tiennent à ce rayon.

On a, relativement aux coordonnées horizontale et verticale du point G (*fig.* n°. 1.), les valeurs respectives rapportées à l'origine K.

$$(7)\cdots\begin{cases} \xi = h - \rho \cos. A - (a^2 - m^2 \sin.^2 A)^{\frac{1}{2}}, \\ n = K - b \sin. A. \end{cases}$$

qui fournissent les élémens du calcul de

$$r = (\xi^2 + n^2)^{\frac{1}{2}};$$

mais la formule suivante donne une valeur de r immédiatement liée à la position initiale du point H et aux positions fixes de M et K. Soient

$$\text{angles} \begin{cases} \text{KHM} = \varepsilon \\ \text{GHK} = 180° - (A + \varepsilon) = \lambda \\ \text{KH} = s, \end{cases}$$

on aura

$$(8)\cdots\begin{cases} \text{tang.}\ \varepsilon = \dfrac{K}{h - n}; \ s = \dfrac{K}{\sin.\varepsilon} = \dfrac{h - n}{\cos.\varepsilon} \\ r = [4bs \sin.^2 (\tfrac{1}{2} \lambda) + (b - s)^2]^{\frac{1}{2}}. \end{cases}$$

On peut appliquer les formules précédentes, ou une partie d'entre elles, au système décrit dans le rapport précédent; ce système est construit d'après la condition $\dfrac{a}{a'} = \dfrac{b}{b'}$, qui a fourni les équations (4); les sommets des tiges des pistons et le centre de rotation fixe A sont toujours sur une même ligne droite, laquelle est horizontale dans la position initiale (Pl. 2, n°. 1); de plus, dans cette position initiale, le sommet D de l'angle supérieur du grand parallélogramme, et le centre de rotation fixe K sont à la même distance verticale de l'horizontale AM, passant par le centre de rotation fixe A, l'un

au-dessus, l'autre au-dessous, et cette horizontale AM partage en deux parties égales l'angle
total 2A décrit par le demi-balancier AB pendant une course entière du piston : toutes ces
dispositions sont très-bien combinées.

Prenant pour données (Pl. 2, n°. 1),

$AD = m$; $AC = p + b'$; $AB = p$; $DH = a$; $AH = n$,
longueurs dont les valeurs numériques sont
inscrites au haut de la planche. On peut d'abord
vérifier les valeurs de AF et CF, qui établissent
la condition exigée par les équations (4), et on
trouve

$$AF = 1^m,7951 ; CF = 0^m,55809.$$

Calculant, d'après les mêmes données, l'angle
initial $DAH = A$, soit par la dernière équation (5), soit par l'une des deux dernières équations (6), on trouve

$A = 17°.35'.30''$: d'où $Dd = m \sin. A = 0^m,76011$.

On aurait eu plus simplement l'angle A si on eût
pris pour donnée, au lieu de $DH = a$, la verticale
Dd, qui, d'après une des conditions ci-dessus
énoncées, doit être égale à MK ou à K, c'est-à-dire
sensiblement à la valeur de la demi-course du
piston, et le côté DH aurait été conclu de cette
valeur et des autres données.

La grandeur et la position du parallélogramme BDHG étant connues, ainsi que la position de l'horizontale VK, donnée par la condition $Dd = MK$, la position du centre immobile
K peut être fixée en prenant pour donnée, soit
le rayon $GK = r$, soit la distance $AM = h$, d'où
$HM = h - n$.

Prenant pour donnée $h = 3^m,022$, on a
$HM = 0^m,571$, d'où

$$\text{Tang. } \varepsilon = \frac{K}{h - n} = \frac{0,76011}{0,571} ; \; \varepsilon = 53^\circ.5'.10'' ;$$

$$\lambda = 180^\circ - (A + \varepsilon) = 109^\circ.19'.20'' ;$$

$$s = \frac{K}{\sin.\; \varepsilon} = \frac{h - n}{\cos.\; \varepsilon} = 0^m,95069,$$

et finalement $GK = r = 1^m,712$.

Je passe à la propriété importante de l'appareil, celle du mouvement sensiblement rectiligne du sommet de la tige du piston, et je prends d'abord ce sommet de tige au milieu de sa course lorsque le demi-balancier AD arrive à la position horizontale sur la ligne AM (Pl. 2, n°. 2); dans ce cas on a , équations (1), (2) et (3),

$\epsilon = 24^\circ.43.'50'' ; c = 1^m,8166 ; \gamma = 69^\circ,56',00'' ;$
$\delta = 94^\circ.39'.50'' ; x = 2^m,453 ; y = 0^m,7595$ (*).

La déviation dans le sens horizontal, ou l'écart par rapport à la verticale passant par le point de départ , est d'environ 2 millimètres ou $\frac{1}{360}$ de la demi-course, et la valeur de y ne diffère pas sensiblement de celle de K.

Supposons enfin le piston au bas de sa course ou le sommet de sa tige arrivé à l'horizontale VK (Pl. 2, n°. 3), on a, dans ce cas, d'après les conditions ci-dessus assignées,

$a = - A = - 17^\circ.35'.30'' ; \epsilon = 11^\circ.23'.20'' ;$
$c = 1^m,7488 ; \gamma = 74^\circ.36'.20'' ; \delta = 85^\circ.59'.40'' :$
d'où.... $x = 2^m,4508 ; y = 1^m,5202$ (**).

L'écart, par rapport à la verticale passant par le point de départ, s'est réduit à $\frac{1}{5}$ de millimètre,

---

(*) Il faut, si on vérifie le calcul, faire attention au signe de cos. δ.

(**) Il faut, si on vérifie le calcul, faire attention au signe de sin. α.

et la valeur de y est sensiblement la course totale projetée : c'est touté la précision qu'on peut désirer.

On calculera fort aisément, d'après cés valeurs, la position du sommet de la tige du petit parallélogramme par les équations (4) adaptées au système particulier dont il s'agit ici, et on aura, au bas de la course,

$$x' = \frac{\rho + b'}{\rho + b}\, x = \frac{1,842}{2,515} \times 2^m,4504 = 1^m,7947.$$

$$y' = \frac{\rho + b'}{\rho + b} \cdot y = \frac{1,842}{2,515} \times 1^m,52044 = 1^m,114.$$

L'écart, par rapport à la verticale passant par le point de départ, n'est pour toute la course que de $\frac{3}{10}$ de millimètre. La conformité des mesures déduites du calcul et de celles que j'ai prises immédiatement sur la machine et consignées dans mon rapport, est une garantie de l'exactitude de mes opérations.

J'ai employé, dans ce qui précède, les méthodes de calcul, vu que ce sont les seules par lesquelles on puisse obtenir la plus parfaite exactitude, tant pour vérifier ce qui est fait que pour projeter ce qu'on veut exécuter; cependant avec beaucoup de soin, et en traçant, ou de dimension réelle ou sur de grandes échelles, on emploiera utilement les méthodes graphiques. Ainsi, par exemple, si on a (*fig.* n°. 3) le système ABDHG, tournant autour du point fixe A, avec articulation en B, D, H et G, et qu'on veuille faire parcourir au point H une ligne peu différente de la verticale QH, on fera une *épure*, dans laquelle ce système aura trois positions, dont deux placeront le point H aux extrémités et l'autre au milieu de sa course, dans une même verticale; ces trois po-

sitions du système en fourniront trois correspondantes du point G ; faisant passer un cercle par
ces trois derniers points, on connaîtra le centre
fixe K, et le rayon KG remplissant la condition
de régler le mouvement du point H, de manière
que de Q en H il se trouve trois fois sur la même
verticale, dont il s'écartera peu dans les autres
points, si d'ailleurs les proportions sont bien établies. On arrivera aisément aux mêmes résultats
par le calcul (*) ; mais je m'en tiens à ces indica-

(*) La verticale QHn (*fig*. B) étant dirigée dans le prolongement de l'axe du piston, et le système articulé
ABDHG étant donné dans un plan vertical, on pourra, en
faisant tourner ce système dans le même plan autour du
point fixe A, prendre arbitrairement trois positions du
point H sur la verticale Qn, ou son prolongement, soit supérieur, soit inférieur ; on aura, pour chacune de ces positions, les longueurs de la verticale QH et de l'horizontale commune AQ : d'où on conclura l'angle QAH, l'hy-
pothénuse AH, l'angle DAH (les trois côtés du triangle
DAH étant connus), et enfin l'angle DAM $=$ GHm : on
aura donc, HG étant donné, les longueurs de l'horizontale Hm, de la verticale mG, et, par conséquent, les cor-
données horizontale et verticale du point G, par rapport à
une origine prise à volonté sur une des verticales AV ou
Qn. Soient, l'origine étant sur AV, $x_{,}$ et $y_{,}$; $x_{,,}$, et $y_{,,}$;
$x_{,,,}$ et $y_{,,,}$, les trois couples de coordonnées ainsi déterminées, r le rayon du cercle passant par les trois points auxquels elles se rapportent, ξ, η, les coordonnées horizontale et verticale du centre de ce cercle, on calculera les valeurs :

$$\frac{x_{,,}^{2}+y_{,,}^{2}-(x_{,}^{2}+y_{,}^{2})}{2(x_{,,}-x_{,})}=u;$$

$$\frac{x_{,,,}^{2}+y_{,,,}^{2}-(x_{,}^{2}+y_{,}^{2})}{2(x_{,,,}-x_{,})}=u_{,}; \quad \frac{y_{,,}-y_{,}}{x_{,,}-x_{,}}=v;$$

$$\frac{y_{,,,}-y_{,}}{x_{,,,}-x_{,}}=v', \text{ et on aura } \eta=\frac{u_{,}-u}{v_{,}-v};$$

tions générales et j'ai lieu d'espérer que les détails renfermés dans cette note seront utiles aux mécaniciens qui veulent raisonner leurs projets de construction.

DEUXIÈME NOTE

Sur un moyen de mesurer l'effet dynamique des machines de rotation.

(Voyez la Planche 3.)

LE procédé qui forme l'objet de cette note m'a été fort utile pour des expériences que j'ai eu à faire sur les machines à feu à haute pression, et particulièrement pour celles qui constituent l'objet du rapport précédent. Il a l'avantage de donner la mesure de l'*effet dynamique*, soit *total*, soit *partiel*, d'un système tournant, par le poids et la position d'une masse qu'on maintient dans l'état d'immobilité. Cette condition est remplie à

$$\xi = u - v_{\prime\prime} = u_{\prime} - v_{\prime\prime\prime}; \ r = [(\xi - x_{\prime})^2 + (\prime\prime - y_{\prime})]^{\frac{1}{2}}.$$

On peut vérifier le calcul de r, en substituant à $x_{\prime}$ et $y_{\prime}$ respectivement, ou $x_{\prime\prime}$ et $y_{\prime\prime}$, ou $x_{\prime\prime\prime}$ et $y_{\prime\prime\prime}$.

Si avec la condition d'avoir trois positions du point H sur la verticale Qn, au lieu de se donner ces positions on se donnait trois valeurs de l'angle DAM=GHm, on en conclurait immédiatement, pour chacune, les valeurs de Hm et de mG, et pour avoir les coordonnées des points G, il suffirait de trouver les valeurs des hauteurs QH. Soient une des valeurs de DAM= α, et les constantes AD = m, AQ = X, on calculera un angle μ par la formule

$$\cos. \mu = \frac{X - m \cos. \alpha}{a},$$

et on aura QH = $a \sin. \mu - m \sin. \alpha$.

l'aide du frottement, et cependant on obtient les
résultats cherchés, indépendamment de toute
considération tant sur la nature de cette espèce
de résistance, que sur sa relation avec la pression
normale; les termes qui se rapportent à ces diverses circonstances disparaissent dans l'équation finale; il en est de même du rayon du cylindre ou essieu, autour duquel s'exerce le frottement. Voici la description et la théorie de l'appareil, dont je pense qu'il serait bon de propager
l'usage.

Le cercle K K'K''K''' représente un système
quelconque tournant, fixé à l'essieu ou tourillon
A D B E, qui repose sur des paliers fixes et dont
l'axe mathématique, passant par le centre C, est
horizontal. Ce système et son essieu sont sup-
posés tourner dans le sens indiqué par la flèche,
avec une vitesse angulaire constante.

L'essieu A D B E est embrassé par un frein
composé des deux pièces G F, G'F', parallèles
entre elles et unies par les boulons bb, $b'b'$, dont
les têtes sont aux extrémités inférieures b, b', et
qui, au moyen des écrous e, e', mus avec une clef
de fer, donnent la facilité de serrer, à volonté,
le frein contre l'essieu.

Les pièces du frein sont en équilibre autour
de l'axe horizontal passant par le centre C, c'est-
à-dire que leur centre de gravité se trouve sur
cet axe; mais.un poids additionnel P, posé en H
sur la branche G F, tend à faire tourner le système G F G'F' dans le sens opposé à celui qu'in-
dique la flèche.

On suppose que le frein est serré de manière
à exercer sur l'essieu A D B E une pression de laquelle résulte un frottement tel que, pendant la
rotation du système représenté par K'''K''K'K,

les branches G F et G′ F′ de ce frein se maintiennent dans une situation horizontale, soutenant ainsi le poids P à une hauteur constante. L'expérience m'a prouvé qu'un ouvrier médiocrement adroit, qui se tient, avec une clef de fer en main, près des boulons bb, $b′b′$, peut très-aisément conserver au · système F G G′ F′ cette · position, en serrant ou desserrant un des écrous au besoin. Il faut avoir la précaution de garnir la partie de la surface du frein, qui frotte sur l'essieu, avec des lames de tôle ou de cuivre, afin de prévenir les effets de l'échauffement des matières en contact.

Il s'agit de déterminer généralement la valeur de *l'effet dynamique* qui est produit lorsque ces conditions se trouvent satisfaites. Soient :

Le poids suspendu au point H du frein $=$ P

La distance entre la verticale menée par le centre de gravité de ce poids et l'axe horizontal de l'essieu passant par le point C $=$. R

r étant le rayon de l'essieu, et π la demi-circonférence, dont le rayon $= 1$, n est un nombre tel que l'arc décrit par un point de la surface cylindrique de cet essieu pendant l'unité de temps $=$. . . . . $2\pi n r$

Unité de force ou *unité dynamique*, à laquelle on rapporte un *effet dynamique* quelconque, et qui est égale au produit d'un poids, de valeur convenue, par la hauteur, pareillement convenue, à laquelle on suppose ce poids élevé pendant l'unité de temps $=$. . . . . Q

Nombre d'*unités de force* mesurant *l'effet dynamique* qu'il s'agit de déterminer $=$ M je nomme $d\pi$, la pression normale exercée par un des élémens de la portion de surface du frein qui est en contact avec l'essieu, sur l'élément correspondant de la surface de cet essieu. Cette pression $d\pi$, qui peut, en général, varier d'un point à l'autre des surfaces en contact, engendre, en vertu du frottement, une force tangentielle que je désigne par $d\mathrm{F}$: or, quelles que soient et la loi de variation des pressions normales $d\pi$, et la loi de relation entre ces pressions et les forces tangentielles $d\mathrm{F}$, il est incontestable: 1°. que chacune de ces dernières forces a un moment, par rapport à l'axe horizontal de l'essieu passant par le point C, égal à $r\,d\mathrm{F}$, et que par conséquent la somme de leurs momens, prise dans l'étendue entière des surfaces en contact, est égal à $r\mathrm{F}$; 2°. que la valeur de la somme $r\mathrm{F}$ ne varie point pendant que les barres du frein sont maintenues dans une position horizontale, et que par conséquent le poids P ne s'élève ni ne s'abaisse ; et puisque la constance de cette position et de cette hauteur est uniquement due aux forces $d\mathrm{F}$, les conditions d'équilibre existent entre ces forces et le poids P ; ce qui donne

$$\mathrm{PR} = \mathrm{F}r \,;\; \text{d'où } \mathrm{F} = \frac{\mathrm{PR}}{r},$$

en faisant attention que la somme des momens du système des masses du frein est nulle, puisque le centre de gravité de ce système se trouve sur l'axe passant par le point C.

Je remarque maintenant que la force tangentielle $d\mathrm{F}$ s'exerce, pendant l'unité de temps, sur une zone élémentaire de la surface cylindrique de l'essieu, d'une longueur égale à $2\,n\,\pi\,r$; l'*effet dynamique* de cette force a donc, en unités de son espèce, une valeur égale à $\dfrac{2\,n\,\pi\,r.\,d\mathrm{F}}{Q}$,

et le nombre total M d'*unités dynamiques*, exis-
tantes pendant que le frein est maintenu dans sa
position horizontale, est donné par l'équation
$M = \dfrac{2\,n\,\pi\,rF}{Q}$, ou en substituant à F sa valeur $\dfrac{PR}{r}$;

$$M = \dfrac{2\pi n\,PR}{Q} \atop R = \dfrac{QM}{2\pi nP} \Bigg\} \quad \dots (1),$$

d'où . . . . . .

$\pi = 3{,}14159265$; log. $2\pi = 0{,}7981799$.

On voit que tout ce qui tient à la considération
du frottement a disparu de l'équation finale, et
même que le rayon r de l'essieu ne s'y trouve
plus. La valeur de M dépend donc uniquement
du poids P, de la distance R de la verticale passant par son centre de gravité, à l'axe de rotation
(proportionnelle à la circonférence $2\pi R$, décrite
du rayon R), et du nombre n, qui est connu
lorsqu'on sait combien le système tournant fait
de révolutions dans un temps donné; K étant ce
nombre de révolutions, et t le nombre d'unités
de temps pendant lequel elles s'exécutent, on
a $n = \dfrac{K}{t}$.

On est dans l'usage de rapporter la mesure de
l'*effet mécanique* d'une machine à feu à une
unité, ou terme de comparaison de *force*, qu'on
appelle fort improprement *cheval*. Je renvoie,
relativement à cette unité, aux moyens et à la
nécessité de lui donner une valeur fixe et légale,
à ce que j'ai dit dans le § 2 de mon rapport sur
les machines à feu du Gros-Caillou. Je me bornerai ici à appliquer les formules (1) à l'espèce

d'unité que j'ai employée dans ce rapport, et que j'ai désignée sous le nom d'*unité dynamique fran-*
çaise.

Le kilogramme, le mètre, et la seconde de temps ($\frac{1}{86400}$ de jour moyen) étant pris chacun pour unité des quantités de son espèce, l'*unité dynamique française* équivaut *à l'élévation d'un poids de* 80 *kilogrammes à un mètre de hauteur pendant une seconde de temps.* D'après cette définition ou convention, les équations (1) deviennent

$$M = A n P R ; \quad R = \frac{BM}{n P} \dots (2),$$

$$A = 0,0785398 ; \quad B = \frac{1}{A} = 12,7324$$

log. A = $\bar{2}$,8950899) La caractéristique seule est
log. B = 1,1049101) négative dans log. A.

On a vu, dans mon rapport ci-dessus cité, que l'*unité dynamique française* obtenue pendant un travail de huit heures fournissait sensiblement le double de la *quantité de l'action journalière* d'un cheval attelé à un manége sans être surmené. Il est donc aisé, ainsi que je l'ai expliqué dans ce rapport, de comparer, en ayant égard aux *durées d'action*, l'effet mécanique d'une machine, exprimé en *unites dynamiques françaises*, à l'effet mécanique qu'on se procurerait avec des chevaux. On peut faire un rapprochement analogue en prenant pour terme de comparaison l'effet mécanique dont est capable l'homme appliqué aux machines de rotation, et il est convenable alors de considérer son action dans l'emploi des roues à *chevilles* ou à *tambours*, et dans celui des manivelles.

L'expérience a fait connaître que, dans le premier cas, lorsque le poids de l'homme est appliqué vers le bas de la roue, la *quantité d'action* fournie dans une seconde (la seconde est prise pour unité de temps) équivalait à l'élévation d'un poids de 12 kilogrammes à une hauteur de $0^m,70$; ce qui donne

$$Q = 12^k \cdot \times 0^m,70 \times 1'' = 8,40,$$

et les équations (1) deviennent

$$M = a\, n\, P\, R; R = \frac{b M}{n\, P} \ldots (3).$$

$$a = 0,7479984 ; \ldots b = \frac{1}{a} = 1,3369$$

$$\log.\ a = \overline{1},8739006$$
$$\log.\ b = 0,1260994.$$

Dans le second cas, celui de l'emploi de la manivelle, la quantité d'action fournie dans une seconde de temps équivaut à l'élévation d'un poids de 8 kilogrammes à $0^m,75$ de hauteur ; ce qui donne $Q = 8 \times 0,75 \times 1'' = 6,00$, et les équations (1) deviennent

$$M = \alpha\, n\, P\, R ; R = \frac{\epsilon M}{n\, P} \ldots (4)$$

$$\alpha = 1,047198; \epsilon = 0,95493.$$
$$\log.\ \alpha = 0,0200286$$

$$\log.\ \epsilon = \overline{1},9799714.$$

En produisant les effets dynamiques dont je viens de donner les valeurs, un homme de force moyenne peut, sans s'excéder, travailler huit heures par jour.

Exemple. Supposons que le système tournant fasse 18 révolutions dans une minute ou $60''$, et

que le frein garde la situation horizontale lorsqu'un poids de 70 kilogrammes est placé à
$2^{m},214$ de l'axe de rotation, on·aura,

$$n = \tfrac{18}{60}; \; P = 70; \; R = 2,214,$$

et en introduisant ces valeurs dans la première
équation (2),

$$M = \frac{A \times 18 \times 70 \times 2,214}{60} = 46,494 \, A = 3,6516,$$

l'effet dynamique est de $3 \tfrac{65}{100}$ *unités dynamiques
françaises.*

L'équation $R = \dfrac{BM}{nP}$ peut servir à déterminer
la distance à laquelle il faut, la vitesse angulaire
proportionnelle à n étant donnée, placer un
poids déterminé, pour que ce poids équivale à
un nombre pareillement déterminé d'*unités dynamiques françaises.* Supposons qu'à 20 tours
par minute, on veuille trouver le point où 20 kilogrammes représentent une de ces unités, on
fera $M = 1$, $P = 20$, $n = \tfrac{20}{60}$, et on aura par la
deuxième équation (2),

$$R = \frac{60B}{400} = \frac{3B}{20} = 1^{m},90986.$$

Dans cette hypothèse de vitesse angulaire, un
poids dont le centre de gravité serait placé à
$1^{m},91$ du plan vertical passant par l'axe de l'essieu, représenterait autant d'*unités dynamiques
françaises* qu'il contiendrait de fois 20 kilogrammes.

Si on introduit dans la première équation (3)
les données numériques qui ont servi ci-dessus
à faire une application de la première équation (2),
le nombre d'unités rapportées au travail de

l'*homme* qu'on aura, sera au nombre d'*unités dynamiques françaises* déduit de cette première
équation (2), comme 0,748 : 0,079 environ
comme $9\frac{1}{2}$: 1.

Les mêmes données introduites dans la première équation (4) donnent, entre le nombre
d'unités déduites du travail de l'homme et le
nombre d'*unités dynamiques françaises*, qui représenterait le même effet mécanique, le rapport de 1,047 : 0,079 environ comme $13\frac{1}{3}$: 1.
Généralement, les données n, P et R étant les
mêmes, les nombres d'*unités dynamiques françaises*, déduits de la première équation (2), et
ceux qu'on déduirait respectivement des premières équations (3) et (4), relatives au travail
de l'*homme*, seront entre eux dans les rapports
des nombres A, a et α, ou des nombres 10000,
95238 et 133333. En résultat, si, conformément
aux explications détaillées données dans mon
rapport sur les machines à feu du Gros-Caillou,
on réduit à moitié l'*unité dynamique française*
pour la rapporter au travail effectif d'un cheval
attelé à un manége, et si on considère ce travail
ainsi que celui de l'homme, pendant une durée
de 8 heures sur 24, on conclura de ce qui précède que 10 chevaux attelés à des manéges équivalent environ à 48 hommes appliqués à des roues
à *chevilles*, et à 67 hommes appliqués à des *manivelles*. On voit ainsi comment, en ayant égard
aux diverses manières d'employer les moteurs
animés comme *agens mécaniques*, on peut con-
cilier des évaluations qui, sans cette distinction
d'*emplois*, paraîtraient discordantes.

TABLE DES MATIÈRES.

ERRATA.

Page 8, lignes 3 et 4. Attelé à une voiture chargée sur son dos, allant au pas, *lisez* attelé à une voiture, chargé à dos, allant au pas.

Page 11, lignes 4 et 5. Ci-dessus, n°. 18, *lisez* ci-dessus cité, n°. 14.

Page 30, lignes 14 et 15. A 115,0 $\frac{1}{2}$ et elle était à 110,0 quand, *lisez* à 115° $\frac{1}{2}$ et elle était à 110°, quand.

Page 72, tableau au bas de la page, les nombres de la colonne 3 expriment des mètres, et ceux des colonnes 4, 5 et 6 expriment des kilogrammes.

ERRATA.

Page 8, lignes 3 et 4. Attelé à une voiture chargée sur son dos, allant au pas, *lisez* attelé à une voiture, chargé à dos, allant au pas.

Page 11, lignes 4 et 5. Ci-dessus, n°. 18, *lisez* ci-dessus cité, n°. 14.

Page 30, lignes 14 et 15. A 115,0 $\frac{1}{2}$ et elle était à 110,0 quand, *lisez* à 115° $\frac{1}{2}$ et elle était à 110°, quand.

Page 72, tableau au bas de la page. Les nombres de la colonne 3 expriment des mètres, et ceux des colonnes 4, 5 et 6 expriment des kilogrammes.

Page 77, titre commun des deux dernières colonnes à droite du tableau. L'élévation, *lisez* l'élévation a 35 ^{m}. de hauteur.

Pages 83, ligne 8, et 86 ligne 10, à partir du bas de la page, $\dfrac{b}{b'}$ *lisez* $\dfrac{\varrho + b}{\varrho + b'}$.

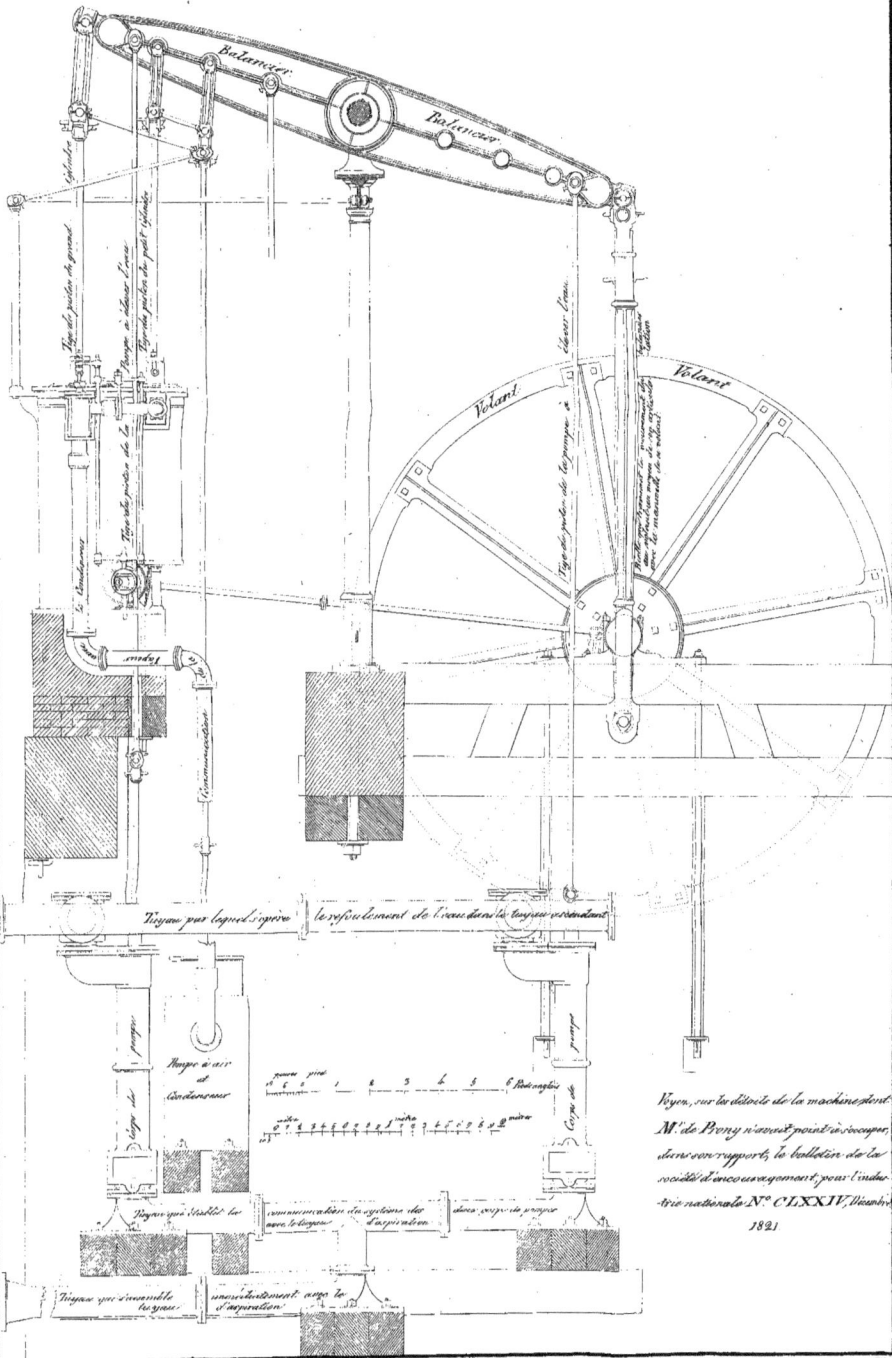

Machine à vapeur de Mr. Edwards.

Voyez, sur les détails de la machine, dont
Mr. de Prony n'avait point à s'occuper,
dans son rapport, le bulletin de la
société d'encouragement, pour l'industrie nationale Nᵒ. CLXXIV, Décembre
1821

Parallélogrammes de la Machine de Mr. Edwards.

A D = 2, 515.
A C = 1, 842.
A B = 1, 372.
A H = 2, 451. } Ces deux valeurs sont appliquées la même, suivant le N.º 1.
A F = 1, 795.

B D = G H = 1, 113.
D H = B G = 0, 762.
B C = E F = 0, 170.
C F = B E = 0, 558.
M K = A V = 0, 760.
A M = V K = 3, 022.
K G = 1, 712.

N.º 1
z. Position supérieure du Balancier.
Ligne horizontale.

N.º 2
Position horizontale du Balancier.

N.º 3
Position inférieure du Balancier.

Fig. B.

Fig. A.

A . . . . . Axe du Balancier; A M horizontale passant par cet axe.
A B C D . Balancier.
B D H G . Grand parallélogramme.
H P . . . Tige du piston du grand cylindre à vapeur.
B C F E . Petit parallélogramme.
F p . . . Tige du piston du petit cylindre à vapeur.
K . . . . Centre fixe autour duquel tourne l'articulation G du grand parallélogramme.
K G . . . Rayon de l'arc de cercle décrit par l'articulation G du grand parallélogramme.
H Q et F g . N.º 3. Courses totales, respectives, des sommets des tiges des pistons du grand et du petit cylindres égales aux courses des pistons, on voit, N.º 1, que ces sommets de tiges ont leurs points de départ sur l'horizontale A M.

On remarquera que dans toutes les positions du balancier, les points A, F et H sont situés dans une même ligne droite. De plus l'articulation D du grand parallélogramme se trouve à la fin de sa course sur l'horizontale passant par le centre fixe K; l'horizontale A M, N.º 1, se trouvant à égales distances des horizontales sur lesquelles les points K et D sont placés (Voyez la 1.ʳᵉ note à la suite du rapport.)

Échelle pour les N.ˢ 1, 2 et 3.

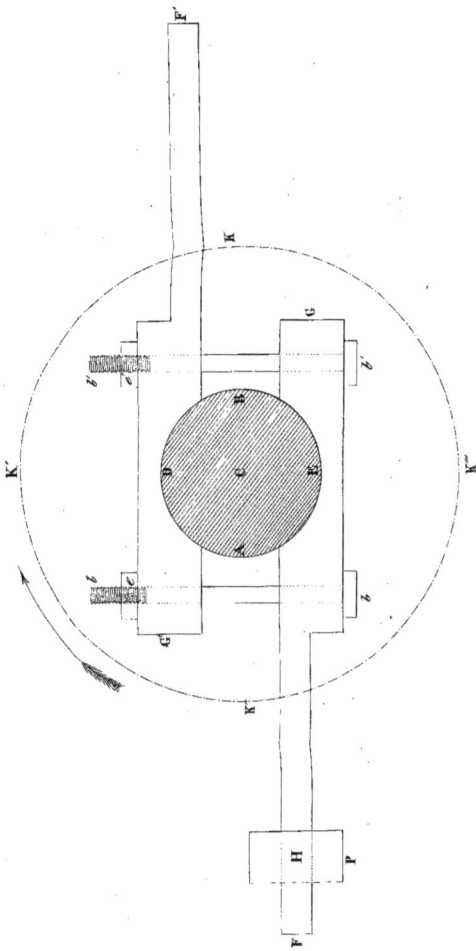

Pl. III.

www.ingramcontent.com/pod-product-compliance
Lightning Source LLC
Chambersburg PA
CBHW071503200326
41519CB00019B/5851